# 软装配色设计

## 82个设计法则

刘 娟——编著

中国电力出版社

CHINA ELECTRIC POWER PRESS

## 内 容 提 要

　　本书基于成熟的色彩理论体系，深入结合国内室内全案设计的发展特点，归纳出适合当下室内色彩实战应用的色彩搭配规律。书中把色彩理论体系与全案设计充分结合，对色彩原理与属性、视觉特征、色彩的主次关系等一一进行了深度分析。通过大量案例，对常见色彩的搭配应用、常用的经典配色印象、软装配色的灵感来源、影响空间配色的因素、软装设计常用的配色技法、软装设计风格与配色方案、软装设计元素的配色法则等内容进行了深入浅出的剖析，让读者更容易理解如何利用色彩为软装设计方案增彩的技巧。

**图书在版编目（CIP）数据**

软装配色设计：82 个设计法则 / 刘娟编著 . —北京：中国电力出版社，2022.10
ISBN 978-7-5198-7008-9

Ⅰ . ①软… Ⅱ . ①刘… Ⅲ . ①室内色彩—室内装饰设计 Ⅳ . ① TU238.23

中国版本图书馆 CIP 数据核字（2022）第 151293 号

出版发行：中国电力出版社
地　　址：北京市东城区北京站西街 19 号（邮政编码 100005）
网　　址：http：//www.cepp.sgcc.com.cn
责任编辑：曹　巍（010-63412609）
责任校对：黄　蓓　朱丽芳
装帧设计：张俊霞
责任印制：杨晓东

印　　刷：北京博海升彩色印刷有限公司
版　　次：2022 年 10 月第一版
印　　次：2022 年 10 月北京第一次印刷
开　　本：787 毫米 ×1092 毫米　16 开本
印　　张：13
字　　数：284 千字
定　　价：88.00 元

# 前言

　　色彩是通过人眼进行感应，然后把信息传递给大脑，再由大脑进行整理并且结合生活经验所产生的一种对光的视觉效应。从根源上说，色彩并不存储于物体本身。物体吸收了照射它的可见光的大部分，然后把特定波长的光反射出来，这些反射出来的单一波长的光被我们的眼睛感应到，就形成了色彩的感受和概念。

　　色彩与软装的关系是相辅相成的，色彩一方面是软装应用的重要元素和表达途径，另一方面也对软装形成一定的制约，使其在某种框架范围内发展。不同的色彩带给人不同的视觉感受，例如，以欢快的橙色、黄色为主色的空间能够营造出开朗、活泼的氛围；而以冷色调的蓝色、紫色为主色的空间能够给人以沉静、稳重的感觉；以中性色的绿色为主色，搭配白色、木色等则给人带来自然、舒适的视觉感受。

　　本书基于成熟的色彩理论体系，深入结合国内室内全案设计的发展特点，归纳出适合当下软装色彩实战应用的色彩搭配规律。在基础知识部分，将色彩理论体系与全案设计充分结合，对色彩形成原理、基本属性、视觉特征、主次关系、色彩意象传达和配色印象等逐一进行了深度分析。在实战提升部分，引用知名设计大师的案例，对软装设计师必学的配色技法、软装设计元素的配色法则等内容进行了深入浅出的剖析，让读者更容易掌握如何利用色彩为软装设计方案增彩的技巧。

　　本书内容深入浅出、通俗易懂，除了色彩理论体系以外，对色彩在室内设计中的具体应用也进行了深入解析，符合图书轻阅读的流行趋势。同时，本书具有很强的实用性，多位软装色彩专家的经验分享与近千例最新国内外大师的案例满足了不同层次读者的需求，既可作为软装培训学校的教材，又可作为室内设计师学习软装配色的工具书。

# 目录

FURNISHING DESIGN

PART
第一章

# 软装配色基础
# 入门知识

# 色彩原理与基本属性

## 一、色彩形成的原理

色彩是通过眼睛进行感应，然后把信息传递给大脑，再由大脑进行整理并且结合生活经验所产生的一种对光的视觉效应。

从根源上说，色彩并不存储于物体本身。物体吸收了照射它的可见光的大部分，然后把特定波长的光反射出来，这些反射出来的单一波长的光被我们的眼睛感应到，就形成了色彩的感受和概念。

可以说，色彩是在光线的反射作用下，眼睛所产生的视觉现象。如果没有光线，我们就无法在黑暗中看到任何形状与色彩。所以说，色彩的来源是光，或者说，色就是光。人之所以可以看清楚周围的色彩，就是由于光的映照反映到视网膜上，经过锥体细胞感受色觉，大脑才形成对色彩的判断。色彩的构成和光是密不可分的，光是色彩产生的基础，无光也就无色。

色温是指光波在不同能量下，人眼所能感受到的颜色变化，用来表示光源光色的尺寸大小。日常生活中常见的自然光源，如泛红的朝阳和夕阳，色温较低，中午偏黄的白色太阳光则色温较高。通常，色温低的光线带点橘色，给人以温暖的感觉；色温高的光线带点白色或蓝色，给人以清爽、明亮的感觉。

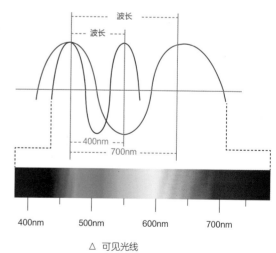

△ 可见光线

1666 年，英国科学家牛顿将一束太阳光从细缝引入暗室，通过三棱镜的折射，白色的太阳光被分解为红、橙、黄、绿、青、蓝、紫七种宽窄不一的颜色，并以固定的顺序构成一条美丽的色带。这就是光谱，也被称为光的分解。若将此七色光用聚光透镜进行聚合，这些被分解的色彩又会恢复原有的白色。

# 二、光源色、物体色、固有色

凡是自身能够发光的物体都被称为光源色。例如，普通白炽灯发出的光中，黄色和橙色波长的光比其他波长的光多，因而呈黄色调；普通荧光灯所发出的光中，蓝色波长的光较多，因而呈蓝色调。

不同光源色会导致物体产生不同的色彩。如果在白色物体上打蓝光，其受光部分会呈现蓝色；如果打上红光，那么受光部分会呈现红色。由此可见，光源色是影响物体色彩的重要因素。

光源色有两种：一种是自然光，主要是太阳光；另一种是人造光，如灯光、火光等。各种光源发出的光，由于波长、强弱、光源性质的不同，形成不同的色彩，如台灯、吊灯等光源的光色均不相同。

△ 不同光色的光源照在墙面和地面上，物体所呈现的颜色各不相同

☐ **单色光**　有些光源只发出一种特定波长的光波，这种光源色被称为"单色光"。

☐ **复色光**　有些光源能发出几种特定波长的光波，这种光源色被称为"复色光"。

☐ **全色光**　有些光源（如太阳）可以同时发出红、橙、黄、绿、青、蓝、紫所有波长的光波，这种光源色被称为"全色光"。

物体色的呈现与照射物体的光源色、物体的物理特性有关。实际上，物体本身不发光，其颜色是光源色经过物体的吸收、反射后，反映到人们视觉中的光色感觉，我们把这些本身不发光的色彩统称为物体色，如建筑物的色彩、动植物的颜色、产品的颜色等。在生活中，我们在阳光下看见荷叶是绿色的，如果此时有一道偏黄的光照射在荷叶上面，我们就会感觉绿色偏黄。

物体在正常太阳光照射下所呈现的固有色彩被称为固有色。通常，固有色常常是人们凭借视觉经验深刻记录在大脑中的，逐渐对物体颜色形成的一种共识。就像生活中，我们常说树叶是绿色的，海是蓝色的，沙滩是黄色的，这都是我们习惯性对物体固有色的描述。

△ 光滑质地的物体的固体色不显著

色调的形成，来自光源色、物体色、固有色这三大因素，它们之间相互影响的程度，与该物体的质地有很大的关系。粗糙的物体，如呢绒、粗布、陶器等物品，不易受光源色和物体色的影响，固有色比较显著。光滑的物体，如金属、玻璃、瓷器、绸缎等物品，易受光源色和物体色的影响，固有色不显著。

△ 粗糙质地的物体的固体色比较显著

# 三、色调分区和配色规律

色调是指色彩的浓淡、强弱程度，是影响配色效果的首要因素。例如，一幅绘画作品虽然用了多种颜色，但总体有一种倾向，或偏蓝或偏红，或偏暖或偏冷等，这种颜色上的倾向就是一幅绘画作品的色调。

色调的类别很多：从色相上分，有红色调、黄色调、绿色调、紫色调等；从色彩明度上分，有明色调、暗色调、中间色调；从色彩的冷暖上分，有暖色调、冷色调、中性色调；从色彩的纯度上分，有鲜艳的强色调和含灰的弱色调等。以上各种色调又有温和与对比强烈的区分，例如，鲜艳的纯色调、接近白色的淡色调、接近黑色的暗色调等。

黄色作为一种颜色，既有鲜艳的黄色，又有灰暗的黄色，即根据亮度和纯度的不同，存在很多种黄色。色彩可以用明亮、阴暗 / 强、弱 / 浓、淡 / 深、浅等色调来表现。

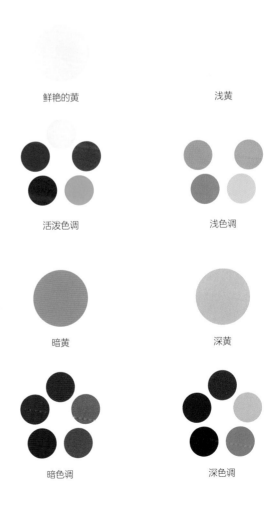

鲜艳的黄　　　　　　　　浅黄

活泼色调　　　　　　　　浅色调

暗黄　　　　　　　　深黄

暗色调　　　　　　　　深色调

色调是决定色彩印象的主要元素。即使色相不统一，只要色调一致，画面也能展现统一的配色效果。日本色彩研究所编制的色彩搭配体系（PCCS）将各色相分为 12 种色调。

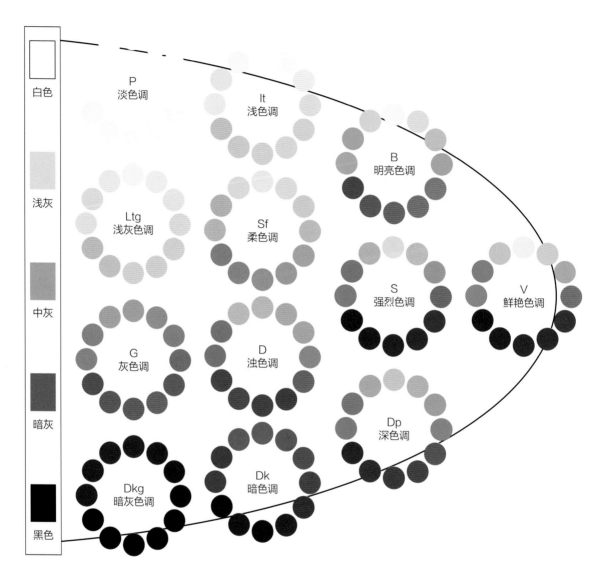

纯色是不掺杂白色和黑色，纯度最高的颜色。

亮清色是在纯色中加入白色得出的颜色。

暗清色是在纯色中加入黑色得出的颜色。

中间色是在纯色中加入白色和黑色，混合出的颜色。

无彩色即黑、白、灰，不具备色相和纯度，只表现明度。

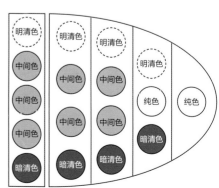

# 四、由简入繁了解色相

色相是色彩最基本的特征，是区别各种不同色彩的最精确的标准，也是一种色彩区别于另一种色彩的最主要因素。例如，紫色、绿色、黄色等都代表了不同的色相。任何除了黑、白、灰以外的色彩都有色相的属性。

色相差别与波波长的长短有关，光因波长不同给眼睛的色彩感觉也不同。即便是同一类色彩，也能分为几种色相，例如，黄色可以分为中黄、土黄、柠檬黄等，灰色则可以分为红灰、蓝灰、紫灰等。分类方法不同，色相分类结果也会有所不同，但是主要的色相有红、橙、黄、绿、蓝、紫等。这些是在从红到紫的连续变化的光谱上最具代表的色相。

色相环常用于呈现色彩之间的关系，一般最常见的是 12 色相环。12 色相环由 12 种基本的颜色组成，每一色相间距 30 度。色相环中首先包含的是色彩三原色，将原色混合产生了二次色（也称间色），再将二次色混合，产生了三次色（也称多色）。

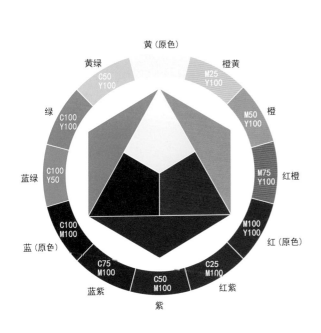

△ 柠檬黄色给人以轻快感

△ 土黄色给人以稳重感

12 色相环中的三原色是红色、黄色、蓝色，在色相环中，只有这三种颜色不是由其他颜色混合而成的，彼此势均力敌。三原色在色相环中的位置呈平均分布，形成一个等边三角形。

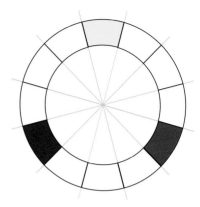

△ 三原色的分布

二次色是橙色、紫色、绿色，处在三原色之间，形成另一个等边三角形。

**黄＋蓝＝绿**
●  ●  ●

**黄＋红＝橙**
●  ●  ●

**红＋蓝＝紫**
●  ●  ●

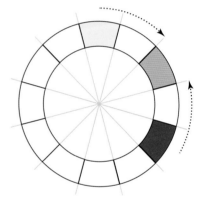

△ 二次色的分布

三次色由原色和二次色混合而成，是红橙、黄橙、黄绿、蓝绿、蓝紫和红紫六种颜色。并然有序的色相环让人能清楚地看出色彩平衡、调和后的结果。

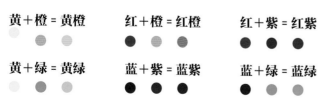

**黄＋橙＝黄橙**
●  ●  ●

**红＋橙＝红橙**
●  ●  ●

**红＋紫＝红紫**
●  ●  ●

**黄＋绿＝黄绿**
●  ●  ●

**蓝＋紫＝蓝紫**
●  ●  ●

**蓝＋绿＝蓝绿**
●  ●  ●

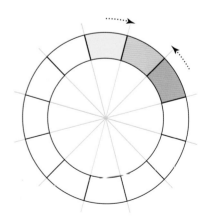

△ 三次色的分布

# 五、决定色彩鲜艳程度的纯度

纯度指一种色彩的鲜艳程度。同一色相的色彩，纯度最高的色彩就是原色，如红色。橙色、黄色、紫色等纯度也较高，蓝绿色是纯度最低的色相。

通常，纯度越高，色彩越鲜艳。随着纯度的降低，色彩会变得暗淡。纯度降到最低失去色相，变为无彩色，也就是黑色、白色和灰色。在纯色中加入不同明度的无彩色，会出现不同的纯度。以红色为例，向纯红色中加入一点白色，纯度下降而明度上升，变为淡红色。继续加入白色，颜色会越来越淡，纯度越来越低，而明度持续上升。反之，加入黑色或灰色，则纯度和明度会相应下降。

由不同纯度组成的色调，接近纯色的叫高纯度色，接近灰色的叫低纯度色，处于两者之间的叫中纯度色。从视觉效果上来说，高纯度色由于明亮、艳丽，容易引起视觉的兴奋，吸引人的注意力；低纯度的色彩比较单调、耐看，更容易使人产生联想；中纯度的色彩较为丰富、优美，似乎含而不露，但又个性鲜明。

△ 两个都是相同的色相，但是右边的纯度高，给人以鲜艳的印象

△ 低纯度色

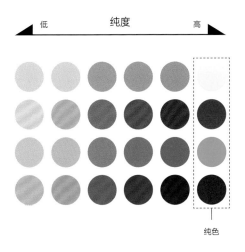

△ 纯度越高的颜色越鲜艳，纯度越低的颜色就越暗淡

△ 中纯度色

△ 高纯度色

# 六、表现色彩明亮程度的明度

明度是指色彩的亮度或明度。在所有的颜色中，白色明度最高，黑色明度最低。不同色相的明度不同，从色相环中可以看出，黄色最亮，即明度最高；蓝色最暗，即明度最低；青、绿色为中间明度；黄色比橙色亮、橙色比红色亮、红色比紫色亮。不同明度的色彩，给人的印象和感受是不同的。

任何一种色相中加入白色，都会提高明度，白色成分越多，明度就越高；任何一种色相中加入黑色，明度就会降低，黑色越多，明度越低。不过，相同的颜色，因光线照射的强弱不同也会产生不同的明暗变化。

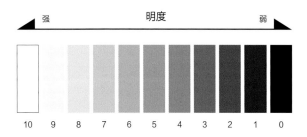

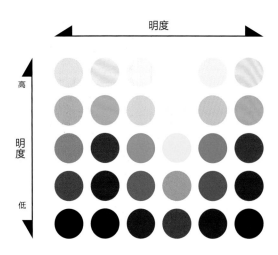

色彩按明度可分为高明度色彩、中明度色彩和低明度色彩。高明度色彩给人以明亮、轻快、活泼、优雅、纯洁的感觉；中明度色彩给人以朴素、庄重、安静、刻苦、平凡的感觉；低明度色彩因一般都含有黑色，所以明度差小，给人以深沉、厚重、稳定、刚毅、神秘的感觉。

△ 中明度色彩搭配明度差小，给人以安静舒适的感觉

△ 低明度色彩的空间给人一种稳定感

△ 高明度的色彩搭配给人以轻快活泼的感觉

# 七、无彩色和有彩色

通过科学研究，人们可以识别的色彩有上万种。要理解和运用色彩，就必须对色彩进行归类和整理。国际上把色彩划分为两大类，即无彩色和有彩色。

无彩色是没有颜色的色彩，即除了彩色外的所有颜色，包括金、银、黑、白、灰。无彩色有明暗之分，即明度变化，例如，将纯黑逐渐加白，可以由黑、深灰、中灰、浅灰直接变为纯白色。

在无彩色中加一种有彩色，混合后的色彩就有了色彩倾向，原先的无彩色变为有彩色。例如，在浅灰色中加蓝，浅灰色就变成了灰蓝色；在白色中加入红色，白色就变为粉红色。

与无彩色恰恰相反，有彩色具备光谱上某种或某些色相，可见光谱中的红、橙、黄、绿、青、蓝、紫 7 种基本色及它们之间不同量的混合色都属于有彩色系，具有色相、纯度和明度 3 个特征。

△ 无彩色　　　　　　　　　　　　　　　　　　△ 有彩色

△ 无彩色软装方案

△ 有彩色软装方案

# 色彩的视觉特征

## 一、色彩冷暖感

色彩本身无所谓冷暖，只是不同的色彩作用于人的感官，在个人的心理上引起一些或暖或冷的感觉和反应。色彩的冷暖感主要是色彩对视觉的作用而使人体产生的一种主观感受。

红色、黄色、橙色以及以上色彩占比 75% 以上的色彩能够给人以温暖的感觉，让人联想到阳光、火焰、暖色的灯光等，所以称这类颜色为暖色。暖色的主要特征是视觉向前、空间变小、温暖舒适。绿、蓝、紫以及以上色彩占比 75% 以上的色彩会让人联想到天空、海洋、冰雪、月光等，使人感到冰凉，因此称这类颜色为冷色。冷色的主要特征是视觉后退、空间变大、宁静放松。

色彩的冷暖是相对的，例如，绿色和黄绿色都属于冷色，但黄绿色比绿色要暖一些；蓝色和蓝紫色也属于冷色，但蓝紫色要比蓝色更暖一些。如果想把冷色变暖色，可加入红色；如果想把暖色变冷，可加入白色或蓝色。

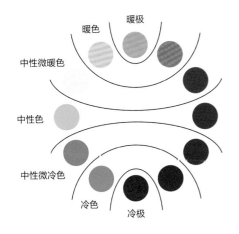

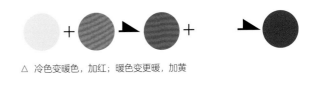

△ 冷色变暖色，加红；暖色变更暖，加黄

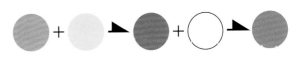

△ 暖色变冷，加白或加蓝；冷色变更冷，加白

中性色是介于三大色——红色、黄色、蓝色之间的颜色，不属于冷色调，也不属于暖色调，主要用于调和色彩搭配，突出其他颜色。中性色搭配融合了众多色彩，从乳白色和白色等浅色色调，到巧克力色和炭色等深色色调。其中黑、白、灰是常用的三大中性色，与任何色彩搭配都能起到谐和、缓解作用。

冷色调的明度越高，越偏暖；暖色调的明度越高，越偏冷。例如，深紫色属于冷色，但浅浅的香芋紫色属于暖色。在生活中，色彩的冷暖感应用很广。例如，在喜庆场合多采用纯度较高的暖色；夏季适用冷色，而冬季则多用暖色。

△ 冷色的主要特征是视觉后退、空间变大、宁静放松

△ 中性色的空间经常通过多种材质的运用，利用强烈的肌理与纯粹的色彩搭配，去实现空间的质感与趣味性

△ 暖色的主要特征是视觉向前、空间变小、温暖舒适

△ 中性色配色方案中，需要增加色彩之间的深浅变化以打破整体的乏味感

## 二、色彩重量感

色彩的重量感是由于不同的色彩刺激，使人感觉物体或轻或重的一种心理感受。决定重量感的首要因素是明度，明度越低越显重，明度越高越显轻。例如，黄色、淡蓝等明亮的色彩给人以轻快的感觉，而黑色、深蓝色等明度低的色彩使人感到沉重。其次的影响因素是纯度，在同明度、同色相条件下，纯度高的感觉轻，纯度低的感觉重。

所有色彩中，白色给人的感觉最轻，黑色给人的感觉最重。从色相方面来说，轻重次序排列为白、黄、橙、红、中灰、绿、蓝、紫、黑。

如果空间的层高过高，可用较之墙面更浓重的色彩来装饰顶面。但必须注意颜色不要太暗，以免使顶面与墙面形成过于强烈的对比。空间层高较低时，顶面最好采用白色，或比墙面淡的色彩，地面采用重色。

△ 层高较低的空间顶面可采用白色，给人更加开阔的视觉感

△ 白色的物体给人的感觉轻，黑色的物体给人的感觉重

△ 顶面颜色较为浓重，可有效降低空间的视觉重心

# 三、色彩软硬感

色彩的软硬主要与明度有关，明度高的色彩给人以柔软、亲切的感觉；明度低的色彩则给人坚硬、冷漠的感觉。此外，色彩的硬度感还与纯度有关，高纯度和低明度的色彩都有坚硬感，低纯度和高明度的色彩有柔软感，中纯度的色彩也有柔软感，因为它们易使人联想到动物的皮毛和毛绒织物。

暖色系较软，冷色系较硬。在无彩色中，黑色与白色给人以较硬的感觉，而灰色则较柔软。进行软装设计时，可利用色彩的硬度感来营造舒适宜人的空间氛围。

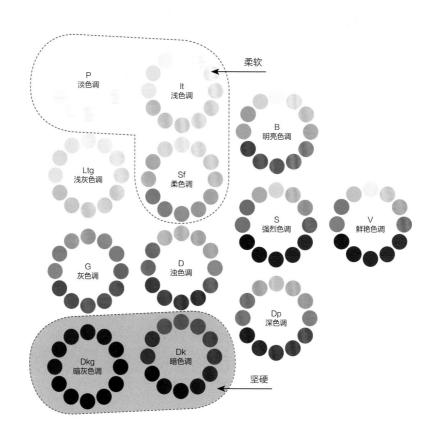

△ 左边的高明度黄色椅子显得柔软，右边的低明度橙色椅子显得坚硬

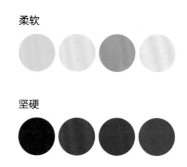

△ 即使是纯度很高的橙色，在降低明度以后，也会给人一种坚硬感

△ 低纯度、高明度的色彩，给人一种轻柔舒适感

# 四、色彩进退感

　　同一背景且面积相同的物体，由于其颜色有差异，有的给人突出向前的感觉，有的则给人后退收缩的感觉。色彩的进退感多是由色相和明度决定的，活跃的色彩有前进感，如暖色系、高明度色彩就比冷色系、低明度色彩活跃。冷色、低明度色彩有后退感。此外，色彩的前进与后退与背景和面积对比也密切相关。

　　在软装设计中，利用色彩的进退感可以从视觉上改善房间的户型缺陷。如果空间空旷，那么可采用前进色处理墙面；如果空间狭窄，那么可采用后退色处理墙面。例如，把过道尽头的墙面刷成红色或黄色，墙面就会有前进的效果，令过道看起来没有那么狭长。

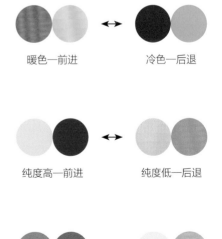

暖色—前进　　　冷色—后退

纯度高—前进　　　纯度低—后退

明度低—前进　　　明度高—后退

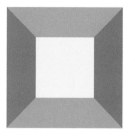 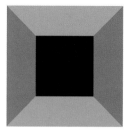 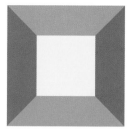 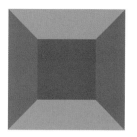

△ 同样大小的正方形，黄色的正方形给人一种向前突出的感觉，蓝色的正方形看起来是后退收缩的

△ 前进或后退和亮度有很大关系，可以看出相同的色相，亮度越高越具有前进感

△ 过道尽头刷成红色或黄色，墙面在视觉上会有前进的效果

△ 狭窄的过道墙面运用冷色在视觉上有后退感，会显得更加开阔

# 五、色彩缩扩感

不同色彩产生不同的尺度感，如黄色感觉大一些，有膨胀性，称为膨胀色；而同样颜色的蓝色、绿色感觉小一些，有收缩性，称为收缩色。像藏青色这种明度低的颜色就是收缩色，因而藏青色的物体看起来就比实际小一些。明度为零的黑色更是收缩色的代表。一般来说，暖色比冷色显得更大，明亮的颜色比深暗色显得大，周围明亮时，中间的颜色就显得小。

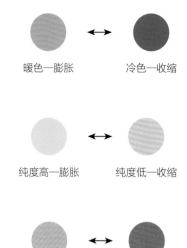

暖色—膨胀　　冷色—收缩

纯度高—膨胀　　纯度低—收缩

明度高—膨胀　　明度低—收缩

物体的视觉尺度不仅与其颜色的色相有关，与明度也紧密相关。暖色系中明度高的颜色为可以使物体看起来比实际大；而冷色系中明度较低的颜色可以使物体看起来比实际小。例如，粉红色等暖色的沙发看起来很占空间，使房间显得狭窄、有压迫感。而黑色的沙发看上去要小一些，让人感觉剩余的空间较大。

利用色彩来放大空间的尺度感，是许多设计师常用的手法，小空间可以选择使用白色、浅蓝色、浅灰色等具有后退和收缩属性的冷色系，这些色彩可以使小户型的空间显得宽敞明亮，而且运用浅色系色彩有助于改善室内光线。

△ 膨胀色的软装元素

△ 相同形状和大小的图形，最左边的蓝色要比中间的黄色看起来小，最右边的虽然和中间的同样是黄色，但是由于背景色明度高所以看起来小

△ 收缩色的软装元素

△ 冷色系中明度较低的宝蓝色沙发在视觉上具有一定的收缩感

△ 明度较高的冷色系具有扩散性和后退性，并且带来一种清新明亮的感觉

△ 暖色系中明度较高的橙色在视觉上具有膨胀感

△ 以灰色为背景的空间中加入冷色系家具，无形中放大了视觉空间

# 梳理色彩的主次关系

## 一、支配空间效果的背景色

　　背景色常指室内的墙面、地面、吊顶、门窗等色彩。就室内设计而言，背景色主要指墙纸、墙板、地面等色彩，有时可以是家具、布艺等一些大面积色彩。背景色具有绝对的面积优势，控制着整个空间的效果。因为在视线的水平方向上，墙面的面积最大，所以在空间的背景色中，墙面的颜色对空间效果的影响最大。

> 自然、田园气息的居室，背景色可选择柔和浊色调

> 华丽跃动的居室氛围，背景色应选择高纯度的色彩

　　不同的色彩在不同的空间背景下，其位置、面积、比例不同，对室内风格、人的心理知觉与情感反应的影响也会有所不同。例如，在硬装上，墙纸、墙板的色彩就是背景色；而在软装上，家具就从主体色变成了背景色，用来衬托陈列在家具上的饰品，形成局部环境色。根据色彩面积的原理，多数情况下，空间背景色多为低纯度的沉静色彩，这样可以形成易于协调的背景。

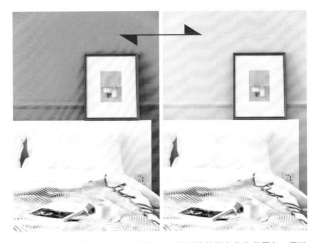

△ 把绿色换成鲜艳的红色，空间氛围顿时显得浓烈、动感　　△ 高明度的绿色作为背景色，营造出一种柔和、放松的氛围

淡色给人干净开放的感觉　　　　纯色表现出激烈的情绪　　　　暗色给人豪华、幻想的感觉

△ 同样的色彩，只要背景色发生变化，整体感觉也会跟着变化

# 二、构成视觉中心的主体色

主体色主要是由大型家具或一些大型室内陈设、装饰织物所形成的中等面积的色块。主体色在室内空间中具有重要作用，通常形成空间中的视觉中心，也是室内设计风格的主要体现元素。在空间环境中，主体色只有被恰当地突显，才能在视觉上形成焦点，让人产生安心感。很多时候，主体色彩是通过材质本身的颜色来体现的。例如，客厅的沙发、卧室的睡床等就属于其对应空间里的主体色。

主体色是室内色彩的主旋律。通常，在小房间中，主体色宜与背景色相似，整体协调、稳重，使得空间看上去更大一点。若是大房间，则可选用与背景色呈对比的色彩，产生鲜明、生动的效果，以改善大房间的空旷感。

一个空间中的主体色往往需要被恰当地突显，在视觉上才能形成焦点。如果主体色的存在感很弱，整体会缺乏稳定感。首先可以考虑运用高纯度色彩的主体色，鲜艳的主体色可以让整体更加安定。其次可采用增加主体色，使其与周围环境色彩形成明度差的办法，通常如果明度差小，主体色存在感就弱；如果明度差增大，主体色就会被凸显。另外，当主体色的色彩比较淡雅时，可通过点缀色给主体家具增添光彩。

X　很大的面积通常是空间背景色

X　面积过小很难成为主体

√　主体色通常是中等面积的色块

△　主体色与背景色呈对比关系，整体显得富有活力

△　整体显得优雅大方

# 三、锦上添花的衬托色

衬托色常是体积较小的家具色彩，常用于陪衬主体，使主体更加突出。衬托色在视觉上的重要性和体积次于主体色，分布于小沙发、椅子、茶几、边几、床头柜等主要家具附近的小家具上。

衬托色与主体色保持一定的色彩差异，可以增加空间的动感和活力，但要注意，衬托色的面积不能过大，否则就会喧宾夺主。衬托色也可以选择主体色的同一色系和相邻色系，这种配色更加雅致。为了避免单调，可以通过提高衬托色的纯度来形成层次感，由于衬托色与主体色的色相相近，整体效果仍然非常协调。

△ 衬托色与主体色呈邻近色搭配，主体色显得有些松弛，层次感不强

△ 衬托色与主体色呈对比，空间效果变得非常紧凑，给人以生动感

△ 衬托色与主体色为同一色系，通过纯度差异形成层次感

△ 作为衬托色的床头柜色彩和作为主体色的睡床色彩形成色彩差异，给空间增加活力与动感

# 四、起强调作用的点缀色

　　点缀色是空间中最易于变化的小面积色彩，常常出现在一些花艺、灯具、抱枕、摆件、壁饰或装饰画上。点缀色一般都会选用高纯度的对比色，用来打破单调的整体色彩。在少数情况下，为了营造低调柔和的整体氛围，点缀色也可选用与背景色接近的色彩。虽然点缀色的面积不大，但是在空间里有很强的表现力。

　　点缀色具有醒目、跳跃的特点。在实际运用中，点缀色的位置要恰当，避免画蛇添足。在面积上要恰到好处，如果面积太大，就会破坏统一的色调；如果面积太小，则容易被周围的色彩同化而不能起到作用。在不同的空间位置上，对于点缀色而言，主角色、配角色和背景色都可能是它的背景。此外，需要注意的是，不要为了丰富色彩而选用过多的点缀色，这会使室内空间显得零碎混乱，应在总体环境色彩协调的前提下适当地加以点缀，以便起到画龙点睛的作用。

△ 出现在小物件上的点缀色和整体色彩缺乏对比，配色效果显得　　　△ 提升点缀色的纯度，使其从整体色彩中跳跃出来，让配色变得
　　单调、乏味　　　　　　　　　　　　　　　　　　　　　　　　　　生动

　　　如果硬装和软装是黑、白、灰的搭配，可以选择一两件比较亮的单品来活跃氛围，在黑、白、灰的色
调里搭配一抹红色、橘色或黄色，能给人以不间断的愉悦感受。

△ 整个空间的硬装色调比较深，在软装上可以考虑用亮一点的颜色来提亮整个空间

FURNISHING DESIGN

**2**

PART

第二章

# 色彩意象传达和
# 配色印象解析

# 常见色彩的搭配应用

## 一、吉祥喜庆的红色

### 1. 色彩特点和类型

红色在不同国家，代表的含义各不相同。例如在中国，红色象征着繁荣、昌盛、幸福和喜庆，在婚礼上和春节时都喜欢用红色来装饰。红色还代表了爱情和激情，例如，情人节的礼物通常都用红色或者粉红色的盒子包装。此外，红色也表示危险、愤怒、血液，常让人联想到火焰、战争等。

常见的红色有大红、中国红、朱砂红、酒红、嫣红、深红、水红、橘红、杏红、粉红、桃红、玫瑰红、珊瑚红等。

**大红**
C 0 M 100 Y 100 K 0

**中国红**
C 0 M 100 Y 100 K 10

**珊瑚红**
C 0 M 80 Y 70 K 0

**朱砂红**
C 20 M 100 Y 100 K 5

**酒红**
C 0 M 90 Y 60 K 0

**玫瑰红**
C 0 M 95 Y 35 K 0

红色是所有色彩中对视觉冲击最为强烈的色彩之一，可以制造出一种迫近感和扩张感，容易引发兴奋、激动、紧张等情绪。红色的性格强烈、外露，饱含着力量和冲动，其色彩内涵是积极的、向上的。不过，红色的这些特点在高纯度时才能突显，当其明度增大并转为粉红色时，往往就会给人带来温柔、顺从的视觉感受。

不同色相、明度、纯度的红色，会使人产生不同的心理效应。如大红色艳丽明媚，容易营造着喜庆祥和的氛围，在中式风格中很常用；酒红色就是葡萄酒的颜色，那种醇厚与尊贵有一种雍容的气度，给人豪华的感觉，所以为一些追求华贵的居住者所偏爱；玫瑰红格调高雅，传达的是一种浪漫情怀，这种色彩为大多数女性所喜爱。

△ 红色配色灵感

● 活力充沛的意象

C 10 M 100 Y 90 K 0　　C 0 M 0 Y 0 K 0　　C 100 M 70 Y 0 K 0

● 性感的意象

C 15 M 100 Y 55 K 0　　C 0 M 40 Y 20 K 0　　C 75 M 90 Y 40 K 0

● 动感的意象

C 10 M 100 Y 90 K 0　　C 30 M 30 Y 30 K 100　　C 0 M 10 Y 100 K 0

● 美味的意象

C 20 M 90 Y 70 K 0　　C 0 M 50 Y 100 K 0　　C 40 M 70 Y 65 K 15

## 2.色彩搭配重点

红色在中式传统文化中有着极其丰富的象征意义，因此，在中式风格的室内设计中，很多人会选择红色进行装饰。但是大面积使用红色，容易让空间显得过于严肃且压抑，尤其是纯度和明度较高的红色。因此，可以在家具、灯饰、窗帘、床品等软装配饰上，搭配一些其他辅助色彩，与红色相互衬托。比如，红色与白色是非常合适的搭配。白色在视觉上增大了空间面积，而沉稳的红色则可以烘托整个空间的气氛。

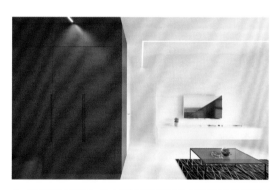

△ 红色与白色搭配，给人清纯感觉的同时可以使红色显得更加跳跃

△ 红色在传统文化中寓意富贵与吉祥，在中式风格空间中应用较多

△ 红色也可作为装饰的点缀色，衔接整个空间

将红色与金色搭配运用，不仅可以提升空间的品质感，而且能为居住环境营造奢华典雅的贵族风情。但要注意的是，红色与金色在视觉上都十分跳跃，因此在设计时要控制好使用面积以及搭配比例，以免给人艳俗或者华而不实的感觉。

△ 红色墙面与金色软装元素的组合，传达出低调奢华的气息

红色搭配黑色也是极为经典的设计手法。两者在空间里的交互，如同感性与理性、热情与冷静的完美融合，而且可以给人带来高贵大气的视觉感受。此外，由于红色具有刺激食欲的作用，因此，十分适合运用在餐厅空间的色彩搭配上，这也是很多餐厅选用红色作为背景色的原因。

△ 红色搭配黑色是感性与理性的完美融合

# 二、娇柔甜美的粉色

## 1. 色彩特点和类型

  粉色属于淡红色，更准确地说，属于不饱和的亮红色。这种色彩多用在女性身上，代表女性的美丽与温柔。每一位女性都渴望拥有一间充分展现自我个性的卧室，而粉色是装扮女性卧室空间的最佳色彩。此外，粉色还常给人以可爱、浪漫、温馨、娇嫩、青春、明快、美好的印象。因此，其非常适合应用在住宅空间的设计中。比如搭配粉色系的花卉，就能营造温柔、甜美的氛围。

  常见的粉色有珊瑚粉、山茶粉、红梅粉、桃粉、亮粉、荧光粉、柔粉、嫩粉、蔷薇粉、西瓜粉、胭脂粉、肉粉、玫瑰粉等。

**珊瑚粉**
C 10 M 36 Y 15 K 0

**桃粉**
C 0 M 50 Y 25 K 0

**胭脂粉**
C 10 M 77 Y 18 K 0

**山茶粉**
C 0 M 75 Y 30 K 0

**玫瑰粉**
C 0 M 60 Y 20 K 0

**红梅粉**
C 0 M 30 Y 14 K 0

△ 粉色配色灵感

● 童话的意象

C 0 M 35 Y 15 K 0　　　C 0 M 0 Y 25 K 0　　　C 15 M 0 Y 0 K 0

● 女性的意象

C 0 M 35 Y 15 K 0　　　C 20 M 0 Y 10 K 0　　　C 45 M 50 Y 10 K 0

● 可爱的意象

C 0 M 60 Y 20 K 0　　　C 0 M 0 Y 25 K 0　　　C 60 M 30 Y 0 K 0

● 愉快的意象

C 0 M 60 Y 20 K 0　　　C 0 M 40 Y 75 K 0　　　C 45 M 0 Y 100 K 0

## 2. 色彩搭配重点

合理适度地搭配粉色，可以让居住环境显得更加温馨、甜美。比如，搭配粉色的灯具、椅子或装饰画，就能轻松提升整个空间的柔美感与时尚感。此外，还可以在沙发上或床上增加几个粉色的抱枕，或在茶几、餐桌上摆放一盆粉色的鲜花，这样立刻就能让空间变得鲜活起来。

粉色不仅是代表浪漫与柔美的色彩，还能营造梦幻童真的气氛。因此，在女孩房间中经常可以看见粉色的搭配。例如，在软装布置时，把卧室的床单换成柔和的粉色，然后再选用同色的布艺枕头以及有粉色印花的窗帘，在白色墙面的衬托下，空间显得十分清新活泼。

△ 在软装细节中局部使用粉色，可凸显居室的时尚感

如果想要在空间中运用呈现高级感的粉色，应把控好色调和材质的搭配比例。例如，透明的粉色材质也可以在视觉上给人一种戏剧感，为硬朗的室内风格造型增加轻柔气质。

△ 粉色除了营造梦幻气氛以外，还适合表现女性的柔美和浪漫

# 三、欢快活泼的橙色

## 1. 色彩特点和类型

　　橙色是红色与黄色相结合而形成的一种颜色，因此同时具有这两种颜色的象征意义，如明亮、华丽、健康、兴奋、温暖、欢乐、辉煌等。此外，橙色还能使人联想到金色的秋天、丰硕的果实，因此，也是一种代表富足与幸福的色彩。浅橙色使人愉悦；亮橙色能给人较为强烈的视觉感受；中等色调的橙色是接近于泥土的颜色，因此常被用来营造自然的氛围。同时，橙色象征活力，是所有颜色中较为明亮和鲜艳的，给人以年轻活泼和健康的感觉。

　　常见的橙色有甜橙、浅橙、浅赭、赭黄、橘黄、甜瓜橙、柿子橙、朱砂橙、酱橙等。

 **甜橙**
C 0 M 50 Y 100 K 0

 **浅赭**
C 20 M 30 Y 40 K 0

 **柿子橙**
C 0 M 70 Y 75 K 0

 **橘黄**
C 0 M 70 Y 100 K 0

 **赭黄**
C 5 M 40 Y 80 K 5

 **酱橙**
C 0 M 55 Y 100 K 20

橙色明度高，在工业安全用色中，常被用作警戒色，如用在火车头、登山服、背包以及救生衣上等。橙色还常与一些健康产品有联系，如维生素 C、橙子等，让人联想到健康。此外，橙色是代表富贵的颜色，因此在古代的皇宫里，许多装饰元素都会使用橙色进行搭配设计。

△ 橙色配色灵感

### ● 热闹的意象

C 0 M 50 Y 100 K 0     C 15 M 100 Y 55 K 0     C 0 M 0 Y 100 K 0

### ● 活泼的意象

C 0 M 50 Y 100 K 0     C 10 M 100 Y 90 K 0     C 100 M 40 Y 30 K 0

### ● 鲜艳的意象

C 10 M 70 Y 100 K 0     C 10 M 100 Y 90 K 0     C 70 M 85 Y 0 K 0

### ● 悠闲的意象

C 10 M 70 Y 100 K 0     C 20 M 20 Y 45 K 0     C 50 M 25 Y 95 K 0

## 2. 色彩搭配重点

橙色具有其他色彩所不具备的温暖与能量，因此，将其运用在室内色彩搭配上，能在很大程度上提升空间的活力与温度。例如，爱马仕橙没有红色的深沉艳丽，但比黄色多了一丝明快与厚重，在众多色彩中显得耀眼却不令人反感。

将橙色与其他色彩进行巧妙组合，能为室内空间营造时尚、活力的氛围。例如，将橙色与浅绿色和浅蓝色搭配，可为空间带来明亮、欢乐的视觉感受。但需要注意的是，橙色一般不与紫色或深蓝色搭配，否则，容易给人一种不干净、晦涩的感觉。

△ 橙色和蓝色进行搭配表现出显著的对比效果，在时尚风格家居中应用广泛

△ 在黑、白、灰的空间中加入橙色形成鲜明对比，可增加空间的活力感

△ 爱马仕橙是轻奢风格空间中最常见的色彩之一

同属橙色系的色彩，实际上给人的印象是完全不同的。有富于年轻感的鲜明的橙色，也有具有复古感的偏褐色的橙色。如果想要强调橙色的积极性，可以在室内搭配泛黄色的橙色或者不太深的褐色，这些颜色比 100% 的橙色更能给人以温暖亲切的感觉，同时也能使居住空间更温馨。

在室内设计中运用橙色时，要注意空间的使用功能以及色彩搭配需求。比如，在卧室空间中大量运用橙色，容易使人产生兴奋感，不利于营造睡眠环境，但将橙色用在客厅却能营造欢快的气氛。同时，橙色具有诱发食欲的作用，因此也是餐厅空间的理想色彩。

△ 餐厅空间运用橙色可提升整体环境的质感，活跃就餐氛围

△ 爱马仕橙拥有鲜明与灿烂的特点，可以更好地融入现代轻奢风格的家具中

在同一空间运用过多的橙色容易使人产生视觉疲劳，因此最好只作为点缀色使用。例如在客厅使用橙色的窗帘，让客厅每天都如同沐浴在阳光之中，并且充满鲜活感；也可在餐桌上放置一两件橙色装饰物，起到提升食欲的作用。

△ 橙色使用的面积过大容易使人产生视觉疲劳，所以经常作为点缀色使用

# 四、阳光活力的黄色

## 1. 色彩特点和类型

　　黄色在众多的颜色中十分醒目，不仅给人以轻快、热情以及充满希望和活力的感觉，而且是积极向上、光明辉煌的象征。大自然中的许多花朵都是黄色的，因此黄色也象征着新生。

　　由于黄色与金黄同色，常被视为吉利、喜庆、丰收、高贵的象征。因此，在很多艺术家的作品中，黄色都用来表现喜庆的气氛和富饶的景色。同时，黄色可以起到强调突出的作用，这也是黄色成为路口指示灯颜色之一的原因。

　　常见的黄色有柠檬黄、淡黄、黄栌、沙黄、琥珀黄、米黄、咖喱黄、藤黄、汉莎黄、芥末黄、蜂蜜黄、印度黄、土黄、鲜黄等。

 柠檬黄
C 6 M 18 Y 90 K 0

 金黄
C 0 M 30 Y 100 K 0

 黄栌
C 15 M 35 Y 80 K 0

 土黄
C 0 M 40 Y 100 K 20

 蜂蜜黄
C 30 M 40 Y 88 K 0

 鲜黄
C 0 M 5 Y 95 K 0

△ 黄色配色灵感

● 运动的意象

C 0 M 50 Y 100 K 0　　C 0 M 0 Y 0 K 0　　C 0 M 0 Y 100 K 0

● 强烈的意象

C 0 M 10 Y 100 K 0　　C 70 M 85 Y 0 K 0　　C 30 M 30 Y 30 K 100

● 可爱的意象

    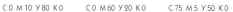

C 0 M 10 Y 80 K 0　　C 0 M 60 Y 20 K 0　　C 75 M 5 Y 50 K 0

● 亲和的意象

C 40 M 0 Y 90 K 0　　C 0 M 0 Y 25 K 0　　C 0 M 25 Y 40 K 0

## 2. 色彩搭配重点

　　黄色是最为典型的暖色，在室内装饰中，黄色的墙面不仅显得活泼，而且可以给空间带来温暖的感觉。餐厅空间的墙面一般宜用暖色调的颜色，如黄色、橙色、红色等。黄色象征着秋收的五谷，将其运用在餐厅空间中，既能迎合人的味觉生理特性，又可为餐厅空间营造出温馨的用餐氛围。

△ 土黄色的墙面适合表现质朴自然的田园风格

　　住宅空间不适合以纯度很高的黄色为主色调，否则容易刺激人的眼睛，给人带来不安感。因此，建议在设计时运用一些纯度较低的黄色，如淡茶黄色，能给人以沉稳、平静和纯朴之感；而把米黄色作为室内的色彩基调，则能为空间带来温馨、静谧的生活气息。

△ 大面积的黄色墙面给人一种欢快感与愉悦感

黄色在儿童房中的运用极为普遍，活泼绚丽的黄色，不仅可以刺激儿童的视觉神经，有助于孩子集中注意力，而且能促进大脑发育，有助于培养孩子思考、感性和想象的能力。但如果在儿童房过多地运用黄色，容易让孩子的情绪变得躁动不安，因此，最好不要全屋使用黄色。设计时可在局部搭配黄色的软装元素，如窗帘、抱枕、海报等，让整个空间显得明亮起来。也可以在衣柜、书桌等家具上运用黄色。显眼而跳跃的黄色，能给孩子以鲜活奇妙的感觉。

△ 黄色是儿童房常见的色彩之一，但在使用时应注意与其他色彩搭配的比例

△ 中式空间局部点缀黄色抱枕，简约之中透看十足的贵气

△ 纯度较高的黄色通常作为黑、白、灰空间中的点缀色

# 五、自然清新的绿色

## 1.色彩特点和类型

　　绿色常被人们视为大自然本身的色彩，不仅象征着生机盎然、自由和平，而且代表着健康、活力以及对美好未来的追求。在大自然中，不同植物的绿色能给人带来不同的视觉感受。竹子、荷叶和仙人掌，属于自然的绿色块；海藻、海草、苔藓的色彩则将绿色引向灰棕色，十分含蓄；而森林的绿色则给人稳定感与自然感；黄绿色往往给人以清新、有活力、快乐的感觉。

　　常见的绿色有苹果绿、军绿、橄榄绿、宝石绿、冷杉绿、水绿、孔雀绿、草绿、薄荷绿、竹青、葱绿、碧绿、森林绿、松石绿等。

 橄榄绿
C 55 M 30 Y 76 K 0

 中绿
C 82 M 24 Y 93 K 0

 碧绿
C 66 M 0 Y 50 K 0

 松石绿
C 68 M 8 Y 40 K 0

 森林绿
C 90 M 60 Y 100 K 60

 薄荷绿
C 55 M 0 Y 38 K 0

从心理层面上来说，绿色往往能让人产生平静、放松的感觉。此外，由于人眼晶体把绿色波长恰好集中在视网膜上，因此，绿色对视力的保护也有一定的作用。绿色常给人以偏冷的感觉，唯有接近黄色时才开始趋于暖色。因此一般不适合在家居中大量使用，通常以点缀使用为主。

△ 绿色配色灵感

● **安全的意象**

C 85 M 15 Y 100 K 0　　C 10 M 0 Y 30 K 0　　C 45 M 0 Y 100 K 0

● **刺激的意象**

C 85 M 15 Y 100 K 0　　C 75 M 90 Y 40 K 0　　C 15 M 100 Y 55 K 0

● **革新的意象**

C 100 M 20 Y 80 K 0　　C 0 M 0 Y 0 K 30　　C 0 M 0 Y 0 K 90

● **现代的意象**

C 100 M 20 Y 80 K 0　　C 0 M 0 Y 0 K 0　　C 100 M 90 Y 45 K 15

## 2. 色彩搭配重点

绿色是打造室内清新活力的极佳色彩。绿色搭配同色系的亮色，例如，柠檬绿、嫩草绿或者白色等，会给人一种清爽、生动的感觉；绿色与暖色系如黄色或橙色搭配，则会给人一种青春、活泼之感；绿色与紫色、蓝色或者黑色搭配，则显得高贵华丽；含灰的绿色，是一种宁静、平和的色彩，如同暮色中的森林或晨雾中的田野，将其运用在空间中，能营造出平稳安静的氛围。

将不同类型的绿色与其他颜色进行搭配，所呈现出的视觉效果各不相同。如宝石绿与棕色、米色是最佳的搭配，能完美衬托绿色的纯粹美感，同时也充满贵族的雍容气质。浅绿色浓淡适宜，与金色搭配能给人一种华丽的感觉；与蓝色搭配则能增添文艺气息；与米色、浅棕色搭配则显得时尚优雅。嫩绿色饱含春天的气息，与棕色、米色搭配，会让空间显得舒适清凉，如果补充少量的黑色作为对比色，则能起到稳定空间的作用。

△ 绿色与紫色的搭配富有神秘且高贵的气质

△ 绿色墙面搭配暖色系软装，营造出充满活泼感的氛围

△ 绿色搭配白色打造出清新舒适的北欧风情

强调回归自然的乡村风格空间，其墙面的色彩以自然色调为主，其中以绿色、土褐色最为常见。自然、怀旧并且散发着浓郁泥土芬芳的颜色，是这类风格空间配色的典型特征。但要注意，墙面不宜大面积地使用高明度的绿色，否则会在视觉上形成压迫感。

由于绿色对保护视力有积极的作用，很多人喜欢将绿色应用在儿童房的墙面、窗帘、床罩等上，而且其纯度一般较高。这样既体现了儿童活泼好动的心理特征，又对保护儿童视力有积极的作用。

△ 宝石绿只要在家具单品上适当点缀，就足以吸引人的眼球

△ 含灰的绿色墙面与原木色家具是绝佳搭配，两组颜色都来自大自然

# 六、理性纯净的蓝色

## 1. 色彩特点和类型

蓝色是三原色之一，同时也是色相环上最冷的色彩，与红色互为对比色。蓝色常给人以优雅纯净的感觉，并表现出美丽、冷静、理智、安详与广阔的气质。蓝色容易使人联想到宽广、清澄的天空，以及透明深沉的海洋，因此常给人一种爽朗、开阔、清凉的感觉。作为冷色的代表颜色，蓝色还能够给人以和平、淡雅、洁净、可靠等多种感觉。

同时，蓝色是兼具灵性与知性的色彩，在色彩心理学的测试中，几乎没有人对蓝色反感。

常见的蓝色有靛蓝、蓝紫色、中国蓝、牛仔蓝、海军蓝、孔雀蓝、普鲁士蓝、普蓝、钴蓝、天蓝、水蓝、婴儿蓝、静谧蓝、克莱因蓝、柏林蓝、宝石蓝等。

**孔雀蓝**

C 88 M 55 Y 45 K 0

**靛蓝**

C 95 M 70 Y 40 K 0

**钴蓝**

C 90 M 60 Y 40 K 0

**海军蓝**

C 90 M 85 Y 30 K 0

**普鲁士蓝**

C 100 M 80 Y 60 K 30

**婴儿蓝**

C 30 M 16 Y 12 K 0

不同明度的蓝色会给人以不同的感受。深蓝色可以给人一种悲伤、神秘、可靠和力度的感觉；而浅蓝色则通常会让人联想到天空、海洋，能带来平静、友好的感觉。深浅不同的蓝色，能让室内空间呈现浪漫、知性的气质。低纯度的蓝色主要用于营造安稳、可靠的氛围，会给人一种都市化的现代派印象；而高纯度的蓝色可以营造出高贵、严肃的氛围，给人一种整洁轻快的印象。蓝色的种类繁多，每一种蓝色又代表着不同的含义。

△ 蓝色配色灵感

● **理性的意象**

C 100 M 90 Y 45 K 15　C 0 M 0 Y 0 K 50　C 15 M 5 Y 0 K 0

● **正式的意象**

C 100 M 90 Y 45 K 15　C 0 M 0 Y 0 K 40　C 30 M 30 Y 30 K 100

● **鲜明的意象**

C 100 M 70 Y 0 K 0　C 0 M 0 Y 0 K 0　C 30 M 30 Y 30 K 100

● **华丽的意象**

C 100 M 40 Y 30 K 0　C 0 M 10 Y 100 K 0　C 10 M 100 Y 90 K 0

## 2. 色彩搭配重点

　　将同色系的蓝色进行深浅变化的搭配，更能突显蓝色调的非凡气质。例如，天蓝色与钴蓝色具有优雅柔美的气质，即使大面积运用也不会显得突兀，营造出一种宁静舒适的居家氛围。蓝色与中性色也能形成完美的融合，例如，静谧蓝搭配黄色系与棕色系，可衬托出端庄高雅的气质；靛蓝的饱和色调通常使人惊艳，注入中性色可以平衡空间的整体视觉；蓝色与三原色中的其他两个颜色搭配，可产生鲜艳活泼的感觉，例如蓝色与红色或蓝色与黄色，强烈的视觉对比给空间带来别样的装饰效果。

△ 高纯度的蓝色给人一种整洁轻快的印象

△ 同色系的蓝色进行深浅变化的搭配，需要加入对比的暖色作为点缀

将蓝色作为点缀色，可迅速打破视觉上的单调感，运用在家具或者饰品上，都能起到活跃氛围的作用。此外，面积较小的房间墙面使用纯度比较低的浅蓝色，能起到扩大空间的神奇作用。但切忌在墙面上大面积使用明度和纯度很高的蓝色，否则会打破居住环境的温馨氛围。

蓝色不仅简约沉稳，而且具有一定的镇静效果。因此，在卧室中使用蓝色，能让整个空间显得祥和平静，其中略带灰色的蓝色特别适合运用在单身男性的卧室空间中。此外，蓝色在儿童房中的运用十分普遍，蓝色系的墙面一般较多运用在男孩房中。在设计时，不宜使用太纯、太浓的蓝色，可以选择浅湖蓝色、粉蓝色、水蓝色等与白色进行搭配，营造出天真浪漫的氛围。

△ 略带灰色的蓝色可以展现出卧室空间理性的男性气质

△ 宝蓝色的布艺坐凳除了具有实用功能以外，也起到很好的点缀作用

△ 低纯度的蓝色给人一种都市化的现代派印象

# 七、典雅浪漫的紫色

## 1. 色彩特点和类型

　　紫色是人类可见光所能看到波长最短的色彩，由温暖的红色和冷静的蓝色混合而成，可以根据调色比例创建不同的紫色。浅紫色中的蓝色含量较多，不仅色彩偏冷，还使人感到沉着高雅；深紫色两色比例较为平均，容易让人联想到浪漫与高贵；当红色含量较多时，则为紫红色，色彩偏暖，而且十分女性化。

　　常见的紫色有紫晶色、茄子色、淡紫色、蓝紫色、深紫色、欧石南蓝、风铃草紫色、青莲色、深紫红色、薰衣草紫色、紫罗兰色、粉紫色等。

 **紫罗兰色**
C 60 M 90 Y 10 K 0

 **深紫红色**
C 65 M 90 Y 50 K 15

 **淡紫色**
C 31 M 28 Y 6 K 0

 **粉紫色**
C 6 M 16 Y 0 K 0

 **青莲色**
C 70 M 90 Y 0 K 0

 **薰衣草紫色**
C 20 M 25 Y 5 K 0

一直以来，紫色都与浪漫、亲密、奢华、神秘、幸运、贵族、华贵等元素有关。在西方，紫色代表尊贵，是贵族偏爱的颜色；而在基督教中，紫色则代表至高无上和来自圣灵的力量。

△ 紫色配色灵感

● 华丽的意象

C 70 M 85 Y 0 K 0　　C 0 M 60 Y 20 K 0　　C 25 M 35 Y 0 K 0

● 高雅的意象

C 60 M 75 Y 20 K 0　　C 45 M 30 Y 25 K 0　　C 100 M 90 Y 45 K 15

● 刺激的意象

C 15 M 100 Y 55 K 0　　C 65 M 0 Y 60 K 0　　C 70 M 85 Y 0 K 0

● 文雅的意象

C 100 M 40 Y 30 K 0　　C 0 M 0 Y 0 K 10　　C 60 M 40 Y 15 K 0

## 2. 色彩搭配重点

　　将紫色与其他色彩进行合理搭配，能为室内空间带来意想不到的装饰效果。不同的颜色组合主要取决于选择什么样的紫色调。例如，茄子色可以搭配绿色、蓝色、红色或黄色等；而经常被运用在卧室空间中的薰衣草紫色，搭配蓝色、粉色或绿色就很出彩。紫色也能与中性色如黑色、灰色、白色、奶油色和灰褐色组合搭配。紫色和橙色、天蓝色、芥末色等色彩搭配，可以很好地形成鲜明的对比，获得意想不到的效果。比如在抱枕、地毯、摆件等一些软装饰品上就可使用紫色。

　　柔美浪漫的紫色往往能营造精致而又华贵的感觉。同时，紫色是软装设计中的经典颜色，常让人产生无限浪漫的联想。大面积地运用紫色，会使空间整体色调变深，从而让人产生压抑感。因此，在软装搭配时，建议以小面积点缀紫色为主。比如，将紫色运用在窗帘、抱枕或者软装饰品上，就能为空间营造不一样的氛围。如需在墙面、地面等区域大面积运用紫色，应尽量选择淡紫色，以减少空间的沉闷感。如果打算在轻奢风格的空间中使用紫色，可以选择一些紫色的小型家具作为色彩点缀，让其成为空间里的视觉焦点。比如，紫色沙发和扶手椅就是一个很好的选择。

△ 紫色与蓝色的邻近色搭配，打造出浪漫优雅而精致的风格

△ 紫色搭配白色在视觉上显得清新、有活力

# 八、优雅百搭的米色

## 1. 色彩特点和类型

米色泛指介于白色与驼色之间的颜色，因与稻米的颜色接近而得名。米色比驼色明亮清爽，比白色优雅稳重，整体色彩表现为明度高、纯度低。自然界中有很多米色物质，因此米色是属于大自然的颜色，一般而言，麻布的颜色就是米色。

常见的米色有浅米色、米白色、奶茶色、奶油色、牙色、驼色、浅咖色、沙色、沙尘色等。

**沙色**
C 15 M 20 Y 26 K 0

**奶油色**
C 7 M 15 Y 37 K 0

**牙色**
C 10 M 15 Y 36 K 0

**驼色**
C 10 M 40 Y 60 K 30

**奶茶色**
C 38 M 47 Y 60 K 0

**沙尘色**
C 20 M 30 Y 45 K 0

米色象征着优雅、大气、纯净、浪漫、温暖。在室内任何地方使用这种颜色，都不会让人有突兀的感觉。米色系和灰色系一样百搭，但灰色太冷，米色则很暖。而相比于白色，它含蓄、内敛又沉稳，并且显得大气时尚。米色系中的米白、米黄、驼色、浅咖色都是十分优雅的颜色。女性对米色的理解更加深刻，因为这个色系的女装很多，可以展现女性优雅浪漫、柔情可爱的一面。

△ 米色配色灵感

## 2. 色彩搭配重点

米色属于暖色系色彩，相比于其他暗沉色系的颜色，米色更有利于舒缓人的疲劳，并有助于人进入睡眠状态，因此，米色十分适合运用在卧室空间的墙面上。如果觉得大面积的米色太单调沉闷，那么可搭配白色系的家具、窗帘或者软装饰品。此外，还可以将不同明度、纯度、色相的米色进行组合使用，这样不仅可以完美地丰富空间的层次感，并且能提升家居配色的细腻感。

米色常作为室内空间的背景色或主体色使用。在搭配时，可以适当地加入其他色系与米色进行对比、调和，让空间的色彩搭配更富有节奏感。如白色、黑色、金色、深木色等，都是很好的选择。此外，加入适当的冷灰色作为点缀，则可以让空间显得更有质感。

在日式风格的室内空间中，多以原木、竹、藤、麻以及其他天然材料的颜色为主，具有朴素自然的空间特点。在日式空间中，墙面一般会刷成米色，与原木色的家具形成和谐统一的视觉感受。在软装上，也常使用米色系的布艺或麻质装饰物进行搭配。

△ 米色是视觉感觉最放松的色彩之一，可以更好地表现日式家居的淡雅禅意

△ 通过不同材质、肌理的变化减少大面积米色的单调感

∧ 米色最适合应用在卧室的床头墙上，是营造温馨氛围的首选颜色

# 九、神秘纯粹的黑色

## 1. 色彩特点和类型

　　黑色基本上定义为没有任何可见光进入视觉范围，和白色正相反的色彩。黑色是一个非常强大的色彩，可以表示力量、高雅、庄重、严谨、热情、信心，但也可表示悲哀、死亡、邪恶、抑郁、绝望、孤独。同时，黑色也会给人以神秘感，让人产生焦虑感。黑色还是高贵、稳重、科技的象征，许多科技产品如电视、跑车、摄影机、音响、仪器的色彩大多采用黑色。此外，黑色最能显示现代风格的理性与简单，这种特质源于黑色本质的单纯。作为最纯粹的色彩之一，黑色所具备的强烈的抽象表现力，超越了任何色彩体现的深度。

　　常见的黑色有乌黑、午夜黑、多米诺黑、金刚石黑、漆黑、烟黑、墨色、皂色、黛黑、土黑等。

 墨色
C 85 M 75 Y 70 K 10

 土黑
C 80 M 80 Y 100 K 50

皂色
C 90 M 85 Y 70 K 0

漆黑
C 90 M 88 Y 70 K 70

 黛黑
C 76 M 61 Y 51 K 6

 乌黑
C 80 M 85 Y 80 K 60

△ 黑色配色灵感

● 强有力的意象

C 30 M 30 Y 30 K 100　　C 10 M 100 Y 90 K 0　　C 100 M 70 Y 100 K 55

● 敏锐的意象

C 30 M 30 Y 30 K 100　　C 0 M 0 Y 0 K 0　　C 100 M 90 Y 45 K 15

● 厚重的意象

C 0 M 0 Y 0 K 90　　C 50 M 80 Y 100 K 25　　C 100 M 80 Y 60 K 45

● 神圣的意象

C 0 M 0 Y 0 K 90　　C 0 M 0 Y 0 K 30　　C 60 M 65 Y 35 K 15

## 2. 色彩搭配重点

　　黑色是室内设计中最基本的色彩之一，虽然没有其他色彩的万千变化，却有着与生俱来的低调和优雅。在家居空间中，黑色可以与不同的颜色搭配出不同的气质。黑色与金黄色搭配，能为空间带来奢华、高档的感觉；黑色与银灰色搭配，则能让空间显得成熟稳重；黑色与红色搭配能给人以优雅贵气的感觉；黑色与橙色搭配，能让空间显得富有艺术气质和吸引力；黑色与浅蓝色搭配，则会散发出一种保守的味道。

　　黑、白、灰都属于无彩色，而黑色是无彩色系中的一个极端，同时也是压倒一切色彩的重色。因此，在室内设计中一般不大面积使用黑色，否则会形成过于严肃压抑的空间氛围。黑色是现代简约风格中最常用的色彩之一，并且常与白色搭配使用。在搭配时，应注意使用比例要合理，分配要协调。此外，纯粹以黑、白为主题的空间也需要点睛之笔，不然满目皆是黑白，让空间少了许多温情。因此，可以通过花艺、软装饰品、绿色植物等元素，点缀适量跳跃的颜色。

△ 黑白色组合是表现简约现代家居风格的经典配色方案

△ 在新中式空间中运用寥寥几笔黑色，就勾勒出如同水墨画般的画面

黑色在色彩系统中属于无彩中性，可庄重，可优雅，甚至比金色更能演绎极致的奢华。中国文化中的尚黑情结，与以水墨画为代表的独特审美情趣有关。同时，无论道还是禅，黑色都具有很强的象征意义。将小面积黑色运用在新中式风格空间的细节处，再搭配大面积的留白处理，于平静内敛中吐露出高雅的古韵。同时，这种配色又和中国画中的水墨丹青相得益彰。比如，在新中式风格空间的吊顶上，以黑色细线条为装饰，或者在护墙板上加入黑色线条，既让整体空间层次更加丰富，又不失古朴素雅的气质。

在人们的固有思维中，黑色一般让人联想到悲伤、暗沉、邪恶等贬义的词汇。但在工业风格的空间里，适当运用黑色，反而能使工业气息更加浓重。运用时可考虑在局部点缀黑色，比如，将窗户、暖气，甚至管道喷成黑色；也可以在隔断、衣柜上用黑框加玻璃的形式进行设计。这样不仅能增强空间的通透感，还能彰显出工业风格的硬朗气质。

△ 黑色与金色的搭配，给人一种高档感和品质感　　　　△ 工业风格空间可在局部点缀黑色，彰显出硬朗气质

# 十、纯洁高雅的白色

## 1. 色彩特点和类型

白色是明度最高的色彩，且无色相。在西方特别是欧美人的眼中，白色高雅纯洁，所以白色成为西方文化中的崇尚色彩。新娘在婚礼上穿的白色婚纱，表示爱情的纯洁和坚贞。在中国，白色则常与死亡、丧事相关联。

此外，白色常与医疗行业相关，如医生、护士的衣服，医院的墙面等。在极简风格的设计中，白色通常作为背景色，用来传达简洁的理念。在商业设计中，白色是高级、科技的印象，通常会与和其他色彩搭配使用。

常见的白色有纯白、象牙白、奶油白、瓷器白、蜡白色、乳白、粉白、雪白、月白、珍珠白、葱白、铝白、玉白、鱼肚白、草白、灰白等。

**月白**
C 15 M 7 Y 7 K 0

**乳白**
C 1 M 0 Y 22 K 0

**粉白**
C 7 M 5 Y 6 K 0

**雪白**
C 8 M 0 Y 1 K 0

**鱼肚白**
C 1 M 9 Y 9 K 0

**象牙白**
C 8 M 7 Y 12 K 0

△ 白色配色灵感

● 新鲜的意象

C 40 M 0 Y 90 K 0　　C 0 M 0 Y 0 K 0　　C 60 M 30 Y 0 K 0

● 有活力的意象

C 10 M 100 Y 90 K 0　　C 0 M 0 Y 0 K 0　　C 100 M 80 Y 40 K 0

● 安静的意象

C 0 M 0 Y 0 K 90　　C 0 M 0 Y 0 K 0　　C 45 M 20 Y 25 K 0

● 冷静的意象

C 100 M 80 Y 40 K 0　　C 0 M 0 Y 0 K 0　　C 100 M 70 Y 60 K 0

## 2. 色彩搭配重点

白色属于百搭色，能与任何色彩进行混搭。如果同一个空间中各种颜色都很抢眼，互不相让，可以加入白色进行调和，让所有颜色都"冷静"下来。在进行室内设计时，白墙和白色的顶面是最保守的选择。但如果墙面、顶面等都用了其他颜色，那么搭配白色的家具，同样也能起到增强调和感的效果。而且，白色家具能够让人产生空间开阔的感觉，将其运用在小空间中，还可以起到减轻拥挤感的作用。

白色纯洁、柔和而又高雅，往往在法式风格的室内空间中作为背景色使用。法国人从未将白色视作中性色，他们认为，白色是一种独立的色彩。纯白由于太纯粹而显得冷峻，法式风格中的白色通常只是接近白的颜色，既有白色的纯净，也有容易亲近的柔和感，例如象牙白、乳白等，既带有岁月的沧桑感，又能让人感受到温暖与厚度。

△ 在小户型空间中，大面积的白色可让空间显得更加宽敞明亮

△ 法式风格中常见优雅的象牙白墙面

相较于单纯的白色，象牙白会略带一点黄色。虽然不是很亮丽，但如果搭配得当，往往能呈现出强烈的品质感。此外，由于象牙白比普通的白色更浓稠、饱和一些，因此将其运用在室内装饰中，能让居住环境显得非常细腻温润。

△ 纯净的白色是北欧风格家居最常用的色彩之一

△ 白色空间搭配透明材质的幽灵椅，给予空间通透明亮的视觉效果

将留白手法运用在新中式家居的设计中，可减少空间的压抑感，并将观者的视线顺利转移到被留白包围的元素上。东方美学无论是在书画上还是诗歌上，都十分讲究留白，常以一切尽在不言中的艺术装饰手法，引发人们对空间的美感想象。在新中式风格中运用白色，是展现优雅内敛与自在随性格调的最好方式，再搭配亚麻、原木色材质等元素，可让整个空间充满禅意。

△ 优雅的米白色搭配原木色，营造一种极尽雅致的空间氛围，尽显中式禅意

# 十一、高级质感的灰色

## 1. 色彩特点和类型

    灰色是一种稳重、高雅的色彩，其色彩内涵给予人的是深思而非兴奋，是平和而非激情。灰色具有柔和、高雅的意象，属于中间色，男女皆能接受，所以灰色也是永远流行的颜色。

    常见的灰色有银灰、中灰、深灰、玛瑙灰、铝灰色、青灰、玄武岩灰、混凝土灰、水晶灰、烟灰、雾灰、佩恩灰、黑灰、蓝灰等。

 冰川灰
C 26 M 17 Y 18 K 0

 烟灰
C 43 M 36 Y 34 K 0

 银灰
C 26 M 20 Y 26 K 0

 黑灰
C 20 M 25 Y 25 K 75

 青灰
C 25 M 5 Y 25 K 60

 蓝灰
C 30 M 8 Y 10 K 40

灰色让人联想起冰冷的金属质感和工业气息，同时，许多高科技产品，尤其是金属材质的产品，几乎都采用灰色来塑造高级、技术精密的形象。灰色也是最被动的色彩，它是彻底的中性色，一旦靠近鲜艳的暖色，就会显出冷静的品质；若靠近冷色，则变为温和的暖灰色。浅灰色显得柔和、高雅而又随和；深灰色具有黑色的意象；中灰色最大的特点是带一点纯朴的感觉。

△ 灰色配色灵感

● **优雅的意象**

C 0 M 0 Y 0 K 50　　　C 50 M 35 Y 60 K 15　　　C 25 M 100 Y 100 K 80

● **绅士的意象**

C 30 M 30 Y 30 K 100　　　C 0 M 0 Y 0 K 50　　　C 100 M 90 Y 45 K 15

● **男子汉的意象**

C 0 M 0 Y 0 K 60　　　C 50 M 80 Y 100 K 25　　　C 100 M 75 Y 55 K 25

● **认真的意象**

C 0 M 0 Y 0 K 60　　　C 0 M 0 Y 0 K 10　　　C 100 M 75 Y 55 K 25

## 2. 色彩搭配重点

　　灰色既非暖色又非冷色，而且不像黑色与白色那样，会影响其他色彩的呈现效果。任何色彩都可以和灰色进行搭配。运用灰色时，大多利用不同的层次变化组合或搭配其他色彩，这样才不会给人呆板、僵硬的感觉。

　　灰色以其沉稳、包容、内敛的特性，成为室内空间墙面最常用的色彩之一。灰色的墙面能为软装饰品提供一个最佳的背景。无论色彩缤纷的绘画、摄影作品，还是雕塑，在灰色的背景墙前，都能够产生极为强烈的视觉对比效果。

△ 将灰色墙面作为背景，表现出简洁利落的空间气质

△ 灰色是表现工业复古氛围的最佳色彩

△ 灰色与黑色、白色的组合是永恒的经典，也是现代风格家居的典范

73

近年来，高级灰迅速走红，深受人们的喜欢，因此灰色元素也常被运用到软装搭配中。通常所说的高级灰，并不是单单代表某几种颜色，更多的是指一种色调关系。有些灰色单拿出来并不那么好看，但是它们按照一些关系组合在一起，就能营造一些特殊的氛围。

△ 高级灰的热衷者通常是生活在城市里的职业群体，展现出对沉静自持、舒缓简单的一种向往

△ 将高级灰运用于新中式空间设计中，可以体现东方神韵美，给人富于内涵的感觉

△ 高级灰加上白色，给人一种北欧风格的小清新之感

# 十二、富贵华丽的金色

## 1. 色彩特点和类型

　　金色是一种略深的黄色，是指表面极光滑并呈现金属质感的黄色物体的视觉效果。金色是太阳的颜色，代表着温暖与幸福，也拥有照耀人间、光芒四射的魅力。金色是一种最辉煌的光泽色，更是大自然中至高无上的纯色。除了常用的黑、白、灰，金色也算是一种万能色。在色彩搭配法则里，金色被视为空间中的调和色，其在家具、影视、时装、绘画等众多领域的表现都非常出彩。由于黄金的颜色就是金色，因此金色往往代表着金钱、权利、财富。很多国家的皇族通常会制作金色的衣服，以体现其至高无上的地位。

常见的金色有旧金、古金、青铜色、杜卡特纯金、金褐、金黄、黄铜色、红金、白金等。

**紫赤金**
C 5 M 31 Y 100 K 0

**黄金**
C 2 M 20 Y 100 K 0

**金褐**
C 50 M 60 Y 90 K 10

**古金**
C 10 M 35 Y 80 K 0

△ 金色配色灵感

C 10 M 100 Y 90 K 0

C 30 M 30 Y 30 K 100

C 70 M 85 Y 0 K 0

C 15 M 100 Y 55 K 0

C 100 M 70 Y 0 K 0

C 45 M 0 Y 100 K 0

C 25 M 35 Y 0 K 0

C 60 M 40 Y 15 K 0

C 45 M 100 Y 100 K 0

C 0 M 50 Y 100 K 0

C 10 M 100 Y 90 K 0

C 0 M 10 Y 100 K 0

## 2. 色彩搭配重点

如果一个空间大面积运用素色会显得过于呆板、寡淡，加入一些金色能让人眼前一亮，也为空间增加了温度。白色与金色，是一组具有透明度的色彩搭配，为了使整体不过于清淡，可以加上色彩较浓的小饰品。金色与纯正的黑色搭配也是不错的选择，使空间显得高贵而神秘，这一组色彩是范思哲的经典用色。金色作为金属色中时尚感最强的颜色，具有极强的侵略性；黑色沉稳、神秘，仿佛能读懂、吸收一切。沉静的黑色能为金色隐去浮躁感，璀璨的金色能为黑色吸引视线，两者碰撞既突显了各自的特点，又迸发出别样的气质。

△ 富丽堂皇的金色与禅意端庄的黑色搭配，使得房间充满一种神秘高贵感

任何空间或场景都可以使用金色。但金色的部分只作为点缀，在一片颜色相近的背景或是较为干净的平台上形成一个亮点。因为金色很抢眼，也显得贵气，所以使用上尽量与大地色相辅相成，中和金碧辉煌的俗气。另外，一个空间尽量不要使用超过两个以上的金色，古铜金、玫瑰金、香槟金等不要用得过于混杂，否则容易失去焦点，也显得过于刻意。

△ 在现代轻奢风格空间中适当点缀金色的软装元素

金色是法式风格中最具代表性的色彩之一，有着光芒四射的魅力，而且可以很好地起到营造视觉焦点的作用。在法式风格的室内空间中，常用金色突显金碧辉煌的装饰效果。无论作为大面积背景存在还是作为饰品或点缀小比例彰显，都能为空间增添辉煌而华丽的视觉效果。金色在法式风格中的应用历史久远。比如，在法式巴洛克风格中，除了各种手绘雕花的图案外，还常在雕花上加以描金，在家具的表面上贴金箔，以及在家具腿部描上金色细线等，让整个空间金光闪耀，璀璨动人。

△ 造型简约的金色绒面家具有效提升了整体空间的品质感

△ 金色的华丽和白色的优雅恰如其分地展现出法式风格的奢华感

△ 金色雕花元素最适合表现欧式风格空间的尊贵感

# 十三、朴实怀旧的棕色

## 1. 色彩特点和类型

棕色是指红色和黄色之间的任何一种颜色，属于适中的暗淡和适度的浅红，通常由橙色和黑色混合而成。棕色有很多种渐变和色调，浅棕色包括沙色、乳酪色，中棕色包括巧克力色、可可色，深棕色包括咖啡色和红褐色。

棕色与土地颜色相近，在典雅中蕴含安定、朴实、沉静、平和、亲切等意象，并且给人情绪稳定、容易相处的感觉。棕色还会让人联想到年代久远的照片和装饰材料，因此可以用来抒发怀旧的情愫。

常见的棕色有琥珀色、沙色、乳酪色、可可色、灰褐色、红褐色、赭石色、浅棕色、咖啡色、硬陶土色、巧克力色、栗子色、胡桃木色、椰棕色、红茶色等。

 栗子色
C 60 M 70 Y 70 K 30

 巧克力色
C 70 M 80 Y 80 K 50

 灰褐色
C 60 M 66 Y 60 K 11

 椰棕色
C 40 M 70 Y 100 K 33

 咖啡色
C 45 M 75 Y 100 K 40

 红茶色
C 20 M 69 Y 88 K 33

△ 棕色配色灵感

### 🔴 粗犷的意象

C 40 M 75 Y 100 K 0　　C 70 M 85 Y 100 K 45　　C 20 M 90 Y 70 K 0

### 🔴 古典的意象

C 40 M 75 Y 100 K 0　　C 70 M 85 Y 100 K 45　　C 50 M 50 Y 100 K 50

### 🔴 厚重的意象

C 50 M 80 Y 100 K 25　　C 0 M 0 Y 0 K 50　　C 100 M 80 Y 60 K 45

### 🔴 田园的意象

C 50 M 80 Y 100 K 25　　C 75 M 55 Y 100 K 0　　C 15 M 45 Y 60 K 0

## 2. 色彩搭配重点

棕色是最容易搭配的颜色，它可以吸收任何颜色的光线，同时也能为室内空间营造安逸祥和的氛围。将深浅不一的棕色与其他色彩进行搭配，往往能碰撞出别样的火花，让家居色彩搭配更加丰富。棕色和白色的搭配显得优雅高贵，如果再配上一些色彩鲜艳的饰品，效果更佳；棕色搭配绿色系是一种很高雅的配色组合，尤其是咖啡色搭配墨绿色，具有十分低调奢华的气质，一般在欧式风格的家居空间中使用较多。

美式风格在色彩上追求自然随意、怀旧简洁的感受，因此空间的色彩搭配一般会比较厚重。饱含自然风情的棕色，是美式风格空间中运用最多的色彩之一。棕色在中国传统文化中扮演着很重要角色，除了黄花梨、金丝楠木等名贵家具外，还有记录文字的竹简、木牍等。在中式风格中，棕色除了可用于家具的色彩搭配外，还可运用在背景墙的设计上，打造出高端的质感。

△ 来自大地和原木的棕色具有厚重感与温暖感，是营造美式风格家居的常用色彩之一

△ 棕色系的配色方案不仅能营造出复古典雅的氛围，更能在低调中彰显质感

棕色虽然古朴，但在视觉上比较暗沉，因此运用大面积的留白与棕色形成反差，是非常常见的手法。还可以在空间中搭配和棕色同色系的亮色进行调和，如砖红色、浅咖色、香槟金色、杏色等，让空间显得和谐且有层次感。

# 软装中常用的经典配色印象

## 一、都市印象的配色

都市印象中常见的配色，往往都是能够使人联想到商务人士的西装、钢筋水泥的建筑群等的色彩。通常用灰色、黑色等与低纯度的冷色搭配，明度、纯度较低，色调以弱、涩为主。

灰色是经常出现在都市环境中的色彩，比如写字楼的外观、电梯、办公桌椅等；在冷色系配色中添加茶色系色彩，可给人以时尚、理性的感觉；蓝色系的搭配能够展现城市的现代感，灰蓝色具有典型的男性气质；黑色与白色表现出两个极端的亮度，而这两种颜色的搭配使用通常可以表现出都市化的感觉。

### 常用色值

C 72 M 51 Y 17 K 0    C 81 M 39 Y 23 K 0    C 60 M 46 Y 42 K 0    C 16 M 12 Y 12 K 0

C 100 M 85 Y 43 K 7    C 59 M 65 Y 71 K 15    C 50 M 40 Y 30 K 0    C 96 M 93 Y 78 K 72

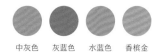

中灰色　灰蓝色　水蓝色　香槟金

右图所示空间中，最高级的颜色当属灰色，灰色诠释了现代轻奢风格的空间。材质运用皮革和石材，非常具有硬朗的都市气质，搭配灰蓝色，使冷色充满整个空间，展现着独特的优雅与格调。地面的褐色和米白色的主体沙发，增添了空间的色彩对比和层次关系，抱枕以及香槟金色袭击的暖色点缀，提升了奢美艺术的质感。

蒸汽灰　钢灰色　深灰蓝　深灰绿

　　浅亮的蒸汽灰较之亮白色更具有精致的优雅感，与钢灰色的搭配营造出冷静、高效的感觉。弱对比的冷色搭配能创造出一种快节奏的都市感。从色相关系上来说，深灰蓝的沙发与深灰绿的地毯、饰品，便属于弱对比的中差色相配色，又因为两者的纯度较低，均属于色调值极低的暗浊色调，结合灰调的背景色，给人一种十分高级、干练的感觉。

米灰色　奶茶色　灰褐色　祖母绿

　　营造高级、干练的都市印象，一是利用灰色调打造冷静、智慧的色彩感觉，二是采用冷色调来表达爽朗、高效的快节奏感。本案大量使用了米灰色、奶茶色、灰褐色等色调值极低的暖灰色调，给人一种优雅、智慧的高级感。祖母绿的点缀从大量的灰色调中跳脱出来，让整个空间色彩明了而富有节奏感。

# 二、自然印象的配色

简单纯粹的自然生活，成为越来越多都市人的心之所向。在设计时可将大自然的配色运用到家居装饰中，营造自然的空间氛围。自然印象的配色从自然景观中提炼而来，具有很强的包容感，例如大地、原野、树木、花草等色彩给人以温和、朴素的印象，色相以浊色调的棕色、绿色、黄色为主，明度中等、纯度较低。

褐色加棕色，使人联想到成熟的果实和收获的景象；树木的绿色和大地的棕色取自自然中广泛存在的色彩，两者搭配体现出质朴的感觉；棕木色系是打造乡村风格空间常用的色彩，再进行一些做旧处理，立刻可散发出森林的气息；纯度稍低的绿色和红色，这两种互补色的搭配，构成了一幅真实自然的画面；从深茶色到浅褐色的茶色系色彩，通过丰富的色调变化，传达出让人放松的自然气息，在美式乡村风格中应用广泛。

## 常用色值

C 52 M 60 Y 86 K 7　　C 33 M 5 Y 81 K 0　　C 45 M 87 Y 100 K 13　　C 48 M 29 Y 45 K 0

C 41 M 30 Y 31 K 0　　C 24 M 0 Y 55 K 0　　C 34 M 14 Y 30 K 0　　C 8 M 36 Y 54 K 1

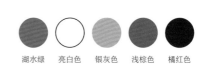

湖水绿　亮白色　银灰色　浅棕色　橘红色

　　大自然是最好的色彩搭配师，任何一种自然景象都是一组完美的配色。本案背景墙深幽、纯粹的湖水绿与床尾毯热情亮丽的橘红色形成一组补色关系，如倒映着火红秋叶的湖面般引人注目，而银灰色的帘幔如薄暮般缥缈轻柔，浅棕色的家具又带来大地般的包容与稳定感。整个空间的色彩给人一种自然态的心理感受，让人产生亲近感。

米灰色　岩石灰　深棕色　深红色　芽绿色

　　米灰色的顶面、岩石灰的背景墙、深棕色的家具均属于大地色系的色彩，虽然色调值低，辨识别度不高，但是因为三者之间的明度差极大，形成了很强烈的对比，因此，空间并没有因为色相单一而产生乏味的单调感，反而因为明度的变化而富有层次感。来自自然界的红花绿叶的颜色点缀在大地色系的空间里，显得自然和谐，给人一种自由、放松的感觉。

奶油色　薄荷蓝　褐色　珊瑚红

　　奶油色作为大面积背景色，顶面和室内布艺的薄荷色相呼应，为空间带来暖意，家具和门的褐色木色，有着自然的质感和肌理，与奶油色同属红橙色彩家族的珊瑚红色系，取自空间背景色，用小面积的高饱和度色彩为空间的搭配增添点睛的一笔。

# 三、清新印象的配色

对于生活在都市中的现代人来说，清新印象的配色如清风拂面，让人舒适轻松。色彩中清新效果最强的是具有透明感的明亮冷色，以淡、苍白和白色为主的色调区域，给人一种轻柔清新的印象。色彩对比度低，整体画面呈现明亮的色调，是清新配色的基本要求。

明度很高的绿色和蓝色搭配在一起可以给人清凉感和舒适感。加入黄绿色，既给人温暖，又使人产生充满新生力量的感受；加入蓝色与白色，则能进一步强调新鲜感，给人创设海天一色的清爽意境，常用于地中海风格空间中。

## 常用色值

C 0 M 10 Y 25 K 0　　　　C 0 M 0 Y 0 K 0　　　　C 25 M 7 Y 0 K 0　　　　C 67 M 0 Y 9 K 0

C 42 M 1 Y 5 K 0　　　　C 10 M 0 Y 30 K 0　　　　C 38 M 2 Y 72 K 0　　　　C 55 M 17 Y 80 K 0

薄荷绿　绿松石色　白色　玫瑰红

如同花园般明媚清新的餐厅空间，薄荷绿的背景色让空间中充满植物的气息，主体家具运用绿松石色，使空间更有活力，植物的、装饰画的植物画面、餐布与餐具上的植物图案，共同营造出清新的氛围。

亮白色　挪威蓝　庞贝红

　　"挪威蓝"来源于阳光下的波罗的海，清新、亮丽、纯粹，给人以清风拂面的舒畅感觉。挪威蓝的橱柜与亮白色的背景搭配，在亮白色的衬托下，挪威蓝显得更加清澈和纯粹，而地毯上热烈的庞贝红恰到好处地给安静清爽的空间增添了一抹活力的情愫。本案色彩比例的分配十分出色，背景的亮白色，主体的挪威蓝色与点缀色庞贝红，遵循了 70 ∶ 25 ∶ 5 的色彩比例黄金法则，因此整个空间看起来色彩清晰、空间层次鲜明，清新的色彩印象表达非常明了。

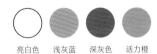

亮白色　浅灰蓝　深灰色　活力橙

　　亮白色搭配浅冷色最能表达清新的色彩印象，轻浅的冷色能带来新鲜、清爽的感觉，与白色的搭配使人感觉到轻松和纯净。本案以大面积的亮白色为背景色，局部使用了淡浊色调的浅灰蓝色，给人一种清新的色彩印象，而少量的深灰色为轻浅的空间环境增加了明暗层次，橙色的点缀带来了年轻的活力感，调和了因运用大量浅冷色调而显得过于安静的空间感觉。

# 四、高贵印象的配色

在所有的色彩中，紫色象征神秘的高贵，金色象征王权的高贵，白色象征纯洁神圣的高贵，冰蓝色象征冷艳的高贵。

除了金色以外，一般以紫色为基调最能表达出高贵印象。紫色在古代是权贵之色，因为当时紫色染料提取非常不易，所以成为古罗马时期皇室和主教的专属色；在基督教中，紫色代表至高无上的地位和来自圣灵的力量；在中国古代，紫色的珠宝和衣服都是富贵人家才能拥有的。

紫色加入少量的白色在视觉上清新而有活力，显得十分优美；紫色搭配金色显得奢侈华美，黑色与紫色作为神秘二色组，也是较为常见的搭配，黑色能够凸显紫色的冷艳感。

## 常用色值

C 74 M 100 Y 21 K 0

C 50 M 80 Y 0 K 0

C 35 M 48 Y 5 K 0

C 0 M 28 Y 85 K 30

C 45 M 100 Y 30 K 0

C 63 M 56 Y 0 K 0

C 56 M 59 Y 99 K 10

C 17 M 98 Y 55 K 0

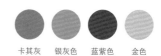

卡其灰　银灰色　蓝紫色　金色

奶白色与卡其灰营造出优雅舒适的色彩环境，银灰色的床品、地毯等打造出高级、清冷的空间气质。蓝紫色既具有紫色的神秘高贵气质，又有蓝色沉稳睿智的性格，显得更高贵典雅。金黄色的点缀是本案最为精彩之处，黄色系与紫色系互为补色关系，创造了强烈的视觉冲击力和空间活力，使由银灰色与蓝紫色搭配而创造的"高冷贵人"有了温暖的"笑颜"。

奶白色　　金棕色　　奶茶色　　金色

　　米灰色墙纸与奶白色的护墙板搭配出温暖轻快的浅暖色调，让人感觉舒适优雅。金棕色的木质家具显得隆重而温润，传达出一种典雅的气息。餐椅软包的米灰色和窗帘的奶茶色最能凸显高级优雅的格调，配以少量的古典绿和金色可打造高雅贵气的名媛气质。家具的雕花鎏金工艺为雅致的空间增添了些许华美的气息。

浅灰色　　绛紫色　　玛莎拉红　　金色

　　本案用色手法非常富有技巧，绛紫色在其中的运用如同一杯甘醇的美酒，随着清风徐来，撩拨味蕾与感官。背景色是米白色，主体家具是浅灰色，空间中的主要色调有冷暖差异的变化，绛紫色作为中性色，在空间中的比例非常适宜，考究且有趣的墙画、金色的吊灯，是空间中的点睛之笔，搭配适宜的设计让空间有序地表现出高贵的气质。

# 五、华丽印象的配色

色彩的华丽感与朴素感与色相的关系最大，其次是纯度与明度。金色与银色是金碧辉煌、富丽堂皇的宫殿色彩，是古代帝王的专用色，让人联想到龙袍、龙椅等；在传统节日里，喜庆的红色表现出浓郁的华丽气息；西方人对紫色、深蓝色情有独钟，认为这两种色彩是高贵、富裕的象征。

在软装设计中，表现华丽印象通常以暖色系的色彩为中心，局部展现冷色系色彩。作为主色的暖色应以接近纯色的浓重色调为主，如金色、红色、橙色、紫色、紫红色等，这些色彩的浓、暗色调具有奢华且富有品质的感觉。

## 常用色值

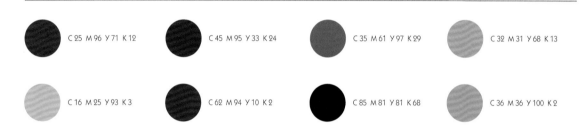

C 25 M 96 Y 71 K 12    C 45 M 95 Y 33 K 24    C 35 M 61 Y 97 K 29    C 32 M 31 Y 68 K 13

C 16 M 25 Y 93 K 3    C 62 M 94 Y 10 K 2    C 85 M 81 Y 81 K 68    C 36 M 36 Y 100 K 2

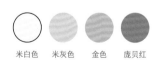

米白色　米灰色　金色　庞贝红

仿佛散发着奶油香的唯美空间中，米白色与金色的搭配让空间散发着浅浅的光芒，金色的墙面雕花造型精致唯美，家具造型线条优雅流畅，给空间带来属于女性的华丽、温柔的感觉，两个庞贝红的单椅点缀其中，升华了女性的主题。

宝石蓝　褐色　古铜色　金黄色

　　波浪纹软包装饰与床头背景相结合，增加了床头的奢华质感，其金色的波浪曲线，在灯光的映衬下熠熠生辉，充满视觉冲击力，而蓝色的软包床头，则有效地压制了奢华背景带来的刺激感，并为室内空间增添了几分亮丽的色彩。金色不锈钢材质框架的床头柜线条硬朗，散发着现代材质的时尚与高端气息。白色皮革包覆的抽屉与底板镶嵌其中，增加了床头柜的体积感，同时具有现代风格的飘浮感。

杏仁色　太妃糖色　深紫红色　艳紫红

　　温暖舒适的杏仁色墙面搭配太妃糖色的软体家具，给人一种如牛奶＋巧克力般香甜郁馥的色彩感觉。由于杏仁色和太妃糖色的色相和明度都十分相似，因此看起来十分和谐统一，但又因两者的纯度有着微弱的差异而产生了一种暧昧的层次感。高纯度、中低明度的深暖色最适合用于塑造华丽的色彩印象，如本案中深紫色的床幔、艳紫红的腰枕以及火红色的抱枕等，给人带来浓郁、热闹、香艳的色彩印象，再加上亮泽的丝绒面料，让色彩的质感更加贵气华丽。

# 六、浪漫印象的配色

能够营造浪漫氛围的色彩，大都以彩度很低的粉紫色为主，如淡粉色、淡薰衣草色。随着涂料配色工艺的发展，越来越多的浪漫色彩被创造出来，如艺术气质很浓的紫色、妩媚的桃粉色等。

明亮的紫红色和紫色给人以轻柔浪漫的感觉，加入淡粉色可营造出甜美的梦境；加入蓝绿色、蓝色等颜色，会给人童话世界般的感觉。粉红色、淡紫色和桃红色会让人觉得柔和、典雅，其中，粉红色通常是浪漫主义和女性气质的代名词，常与少女服装、甜蜜糖果和化妆品等紧密联系，呈现出一种梦幻感。

## 常用色值

C3 M25 Y3 K0　　　　C3 M12 Y25 K0　　　　C5 M20 Y0 K0　　　　C10 M5 Y2 K0

C20 M1 Y2 K0　　　　C3 M40 Y33 K0　　　　C3 M16 Y15 K0　　　　C47 M100 Y60 K6

水晶粉　薄荷绿　挪威蓝　橘红色

浪漫的配色最注重的是让人产生轻松与愉悦的心理感受，本案以微紫的丁香灰为背景色，给人一种朦胧迷离的美感，椅子的色彩由代表着柔弱的水晶粉、新鲜的薄荷绿和清爽的挪威蓝组成，三色均属于轻快的浅淡色调，给人以轻松、舒畅的心理感觉，因其具有冷暖对照而产生愉快的动感。艳丽的橘红色点缀其中，为原本温和的空间色彩增添了个性与活力。

亮白色　　水晶粉　　奶茶色　　火烈鸟粉

从 20 世纪 70 年代开始，粉红色成为全球公认的最能表达浪漫情调的色彩，也是最能代表甜美温柔的年轻女性形象的色彩。本案将大量的水晶粉作为空间的背景色，直白地表达了空间的情感诉求。主体家具的奶茶色给人一种温和柔软的亲近感，与水晶粉搭配，让人产生甜蜜、温软、愉悦的心理感受。火烈鸟粉较之水晶粉更深、更艳一些，两者的搭配形成同色系的明度和纯度对比，使得同为粉色的色彩深浅层次分明。

灰粉色　　藕褐色　　柠檬黄　　玫瑰色

如何打造一间浪漫的卫浴间，用粉色是最佳的选择。本案空间用加了灰度的粉色来诠释，粉色加了灰，在俏皮中多了一份优雅，在可爱中多了一丝精致，墙面上玫瑰色的画，与背景色形成层次关系，空间用色稳定、不浮躁。黄色是红色的相邻色系，小面积的柠檬黄是空间中的"蜜"，使空间有温情、浪漫，有活力。

# 七、前卫印象的配色

前卫的意象具有时尚、动感、流行的特征，所使用的色彩饱和度较高，通常使用对比较强的配色来实现，例如黑色与白色的对比，红色与蓝色、绿色的互补配色更能表现张力。

大量的明黄色可以给人活泼动感的印象；银灰色系是表现金属质感的主要色彩之一，因而在表达现代都市的时尚感时，可以适当使用，甚至大面积使用，但是要注重图案和质感的构造；黑白色系简洁大方，能够制造出前卫惊艳的视觉效果，同时也是经典的、永不过时的潮流元素之一。

## 常用色值

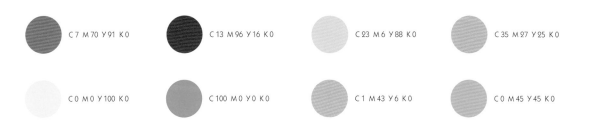

C 7 M 70 Y 91 K 0　　　　C 13 M 96 Y 16 K 0　　　　C 23 M 6 Y 88 K 0　　　　C 35 M 27 Y 25 K 0

C 0 M 0 Y 100 K 0　　　　C 100 M 0 Y 0 K 0　　　　C 1 M 43 Y 6 K 0　　　　C 0 M 45 Y 45 K 0

钢灰色　　碳灰色　　火红色　　亮黄色

将无彩色与有彩色进行搭配是塑造时尚色彩印象最常用的手法。本案在大面积的暗灰色中点缀以艳丽的火红色和亮黄色，给人一种个性、前卫的视觉张力。暗灰色给人以孤寂、沉静的视觉印象，而火红色的热情和亮黄色的活力与这种沉静气质形成了鲜明的对比，碰撞出强烈的视觉冲击力，给人一种不同寻常的视觉感受，形成一种另类的、时尚的色彩印象。

浅蓝色　薄荷绿　黄奶油色　珊瑚红

蓝色和绿色给人的印象是清爽的，本案空间中，主体沙发的薄荷绿和浅蓝色的背景墙给人以清凉感，融进空间里，营造出夏天般的美好。与点缀色黄奶油色和珊瑚红的组合，似一场美丽的邂逅，使清爽的空间中有了热闹的"旋律"。墙面的装饰画，有着摩登时代的气质，运用在空间中增添了酷炫感。

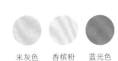

米灰色　香槟粉　蓝光色　金色

在当代时尚空间中，图案、造型与颜色相互统一，讲述同一个空间发生的故事。本案空间中的配色颇有讲究，从背景色墙面的白色，与边柜的灰蓝色，再到地毯的米灰色，主要用色皆为浅色，主体家具、艺术装饰品以及墙面画中的黑色，是空间的重色平衡。蓝光色点缀于空间中，与香槟粉构成对比色，空间开放度高，充满动感和活力。

# 八、活力印象的配色

活力印象的家居空间给人热情奔放、开放活泼的感觉，是年轻一代居住者的最爱。配色上通常以鲜艳的暖色为主，色彩明度和纯度较高，再搭配上对比色，极富视觉冲击力。

鲜艳的黄色给人阳光照射大地的感觉，即使少量使用，也可作为点缀色给空间增添一种活泼和积极向上的力量；混合了热情红色和阳光黄色的橙色，被认为是最有活力的颜色，与红色搭配可以展现运动的热情和喧闹，与少量的蓝色搭配形成对比，特别能凸显出配色的张力。

## 常用色值

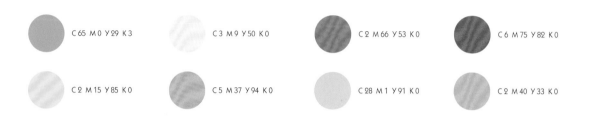

C 65 M 0 Y 29 K 3    C 3 M 9 Y 50 K 0    C 2 M 66 Y 53 K 0    C 6 M 75 Y 82 K 0

C 2 M 15 Y 85 K 0    C 5 M 37 Y 94 K 0    C 28 M 1 Y 91 K 0    C 2 M 40 Y 33 K 0

亮白色　艳粉红　亮黄色　挪威蓝

采用高纯度的有彩色进行冷暖对比最能营造出充满活力的色彩印象。高纯度的色彩本身具有强烈、鲜明的个性，加上强烈的色相对比便能产生令人兴奋的色彩效果。本案看似采用了挪威蓝、艳粉红、亮黄色三色对比，实则是群青、品红、柠檬黄三原色的对比。三原色互为对比色相，也构成了"三角配色"的关系，因此产生了强烈的视觉冲击力，刺激人的感官，令人兴奋，产生活力印象。

奶茶色　柠檬黄　白色　金色

　　表达活力的印象配色，不是一定要用对比色系表现，在同色系中，运用色彩的明度和饱和度的对比，同样能呈现非常好的效果。饱和度最高的黄色——柠檬黄，自带阳光与活力，背景色奶茶色在主体家具在柠檬黄的衬托下，呈现出后退的效果，象牙白家具色彩对称运用，是为了凸显柠檬黄的床、吊灯以及最靠近镜头的书本。柠檬黄就是这个空间的活力代表。

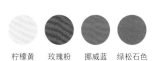

柠檬黄　玫瑰粉　挪威蓝　绿松石色

　　每一个被春天般灿烂的颜色唤醒的美好早晨，色彩开启活力满满的一天。柠檬黄的床，搭配以玫瑰粉为主的色彩亮丽的床上用品，空间中的配色看似活泼自在，实则极具章法，在大面积留白的空间里，相邻色系的黄色系和粉色系，色彩搭配比例相当，色彩明快的挪威蓝和绿松石色点缀在其中，与黄色系、粉色系形成两组色彩对比，空间开放度高，具有初春的活力与希望。

# 九、复古印象的配色

复古风格的家居空间中，色彩与饰品互为映衬，呈现出具有时间积淀感的怀旧韵味，让人百看不厌。复古色不是单指一种颜色，而是指一个色调，即看起来比较怀旧、古朴的色调。

复古印象的主体配色常以暗浊的暖色调为主，明度和纯度都比较低。很多颜色都可以表现出复古的味道，如褐色、白色、米色、黄色、橙色、茶色、木纹色等。其中，褐色是最具代表性的一种色彩。褐色与橙黄色的搭配给人以含蓄的怀旧印象；褐色与深绿色搭配，使人容易产生时光一去不复返的共鸣。

## 常用色值

C 45 M 60 Y 79 K 3　　C 61 M 73 Y 91 K 47　　C 28 M 33 Y 69 K 0　　C 57 M 23 Y 70 K 0

C 45 M 60 Y 79 K 3　　C 3 M 15 Y 34 K 0　　C 48 M 50 Y 54 K 0　　C 25 M 48 Y 35 K 0

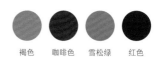

褐色　咖啡色　雪松绿　红色

雪松绿与褐色搭配运用，表达的是一种纯粹原始的力量感，久居都市的人们结束繁忙的工作回到家中，有一种从现代回归到丛林中的闲适感。在这个以褐色为背景色的空间中，地面的浅色皮毛地毯有着自然的肌理和质感，提亮了整个空间，雪松绿的明度及饱和度适中，在主体家具上运用雪松绿，带来森林般的自然之美，雪松绿的用色比例再多一些，可用红色花卉点缀，倘若壁炉打开，你就能感受到一种安然的状态和美感。

米灰色　栗色　灰褐色　金棕色

　　由米灰色的涂料和灰褐色、栗色组成的壁纸共同构成了空间的背景色，三种颜色的色相相近，而明度相差甚远，因此从背景色上便构成了丰富的层次感。软装选择了白色的床品进行搭配，避免因丰富的背景层次而让主体显得花哨。

　　复古的色彩印象追求的是对旧时光的回忆，可采用单一色相或者相近色相、中低明度和中低纯度的色彩来营造"褪色的、泛黄的老旧照片"的感觉，而绝非以多色相搭配或采用高纯度的色彩来营造喧嚣、强力的色彩感。

水泥灰　灰褐色　苔藓绿　赭橙色

　　水泥灰的墙、顶、地带来一种原始的视觉印象，灰褐色的木质品传达出斑驳的年代感。苔藓绿给人以陈旧的感觉，而赭橙色也表达着经典的复古印象。

　　复古印象的色彩表达通常将色调值低的灰色系、大地色系作为背景色，运用中低明度、中低纯度的有彩色（也称莫兰迪色）米表达对陈年典藏的回味和对流逝的时光的追忆。

# 十、传统印象的配色

传统印象的空间具有历史感和怀旧感，给人十分高档的感觉，配色以暗浊的暖色调为主，明度和纯度都很低，明暗对比较弱。褐色、茶色、绛红、焦糖色、咖啡色、巧克力色等是表现传统印象的主要色彩。

明度较低的褐色与黑色搭配显得成熟而稳重；褐色搭配深绿色给人庄重严肃的印象；茶色与褐色的搭配具有浓郁的怀旧情调；深咖色具有十分坚实的感觉，大面积的运用给人一种沧桑厚重感，是传达传统印象的常见选择之一。

## 常用色值

C 42 M 65 Y 96 K 55　　C 70 M 45 Y 100 K 43　　C 27 M 25 Y 46 K 8　　C 45 M 95 Y 33 K 23

C 35 M 61 Y 97 K 29　　C 95 M 76 Y 32 K 23　　C 25 M 43 Y 61 K 0　　C 48 M 35 Y 40 K 20

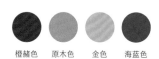

橙赭色　　原木色　　金色　　海蓝色

整个空间被橙赭色包围，空间极富力量感和健壮感，背景色与主体家具色均为橙赭色，木饰面与皮革材质让橙赭色散发出不一样的色感和温度，顶面用米白色做留白处理，地毯上的金色与橙赭色同属橙色色彩家族，海蓝色是橙色的对比色，空间因此有开放度，绿植在其中的作用很大，给这个用色传统的空间增添了生气，使空间更透气。

灰泥色　　棕红色　　深灰褐色　　古典绿

　　不同的装饰风格具有不同的色彩特点，这源于不同的地域环境和不同的人文习俗长年累月形成的固有色彩印象。本案中，墙面的灰泥色源自欧洲民族对古建筑的主要材料——岩石的认识，而木制品呈现的棕红色正是欧洲盛产的桃花芯木的颜色，挂镜与装饰物的金色在欧洲传统中代表着不可撼动的贵族地位。整个空间色彩的营造奢华稳重，是对传统的欧洲贵族文化的传承与再现。

薄雾灰　　米褐色　　深棕色　　中国红

　　中国传统色彩来源于人们对自然造物的敬畏，薄雾灰的墙面色彩起源于最原始的涂料——石灰，米褐色的软体家具色彩源于人们对传统纺织品——麻布的认识，深棕色是中国古代常用的硬质木材的颜色，而取自朱砂的红色则成为最有代表性的"中国色"。本案将这几种具有传统意义的色彩进行组合，带来古朴而庄重的中式传统印象。

FURNISHING DESIGN

③

PART
第三章

# 软装设计师必学的
# 配色技法

# 软装配色的灵感来源

## 一、传统文化

中国传统文化艺术有着五千多年的积淀，博大精深。想要让软装配色体现古典的民族特色与精神，可以从伟大的传统文化中去感悟和提取元素。

存在于民族传统文化中的色彩，大都具有夸张、鲜艳、明快、简洁的特点，既对比强烈，又和谐统一。例如原始的彩陶、汉代的漆器、丝绸、唐三彩、苏杭蜀的织绣、明清的雕梁画栋等，以及民间的物质的与非物质的文化遗产，包括面人、泥人、年画、蜡染、扎染、民族服饰等，都充满浓烈的生活热情，具有浓郁的乡土气息和地域情韵。

△ 唐三彩

△ 雕梁画栋

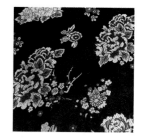

△ 织绣

△ 新中式书房的色彩灵感来源于原始的彩陶，表现出一种淡雅清净的传统之美

## 二、绘画作品

绘画中的色彩具有充分的表现力和相对的独立性，表现方法丰富多彩，优秀的绘画作品中的色彩更是倾注了艺术家丰富的情感，画面中有秩序的色彩刺激着观者的心理和感情，例如蒙德里安的色块分割手法。

从优秀的绘画作品中去提取色彩，是一条更直接、更有效的途径。如塞尚、梵高、马蒂斯、毕加索等大师的作品具有现代审美理念，而且极富个性。根据从这些绘画作品中获得的色彩灵感所进行的设计，有利于摆脱自己固有的用色习惯，突破用色的局限性，从而涉足更广阔的色彩世界，体验更多的色彩情韵。

△ 蒙德里安的抽象画
《红、黄、蓝构图》

△ 法国后印象主义画派画家塞尚的代表作
《圣维克多山》

△ 荷兰画家梵高所绘制的作品
《花瓶里的三朵向日葵》

△ 蒙德里安的色块分割法已经被广泛应用于软装设计中

# 三、大自然

大自然中蕴藏着丰富的色彩，植物、动物、山石、树木、花卉的形与色千变万化，自然风光和气象也变化无穷，妙趣横生，可视为天然的色彩宝库。只要认真地加以观察、分析、研究，再从局部到整体给予取舍，就很容易从中提取色彩并运用到设计中来。

以自然为题材设计出的色彩组合及名称都带有浓厚的自然味。比如，以风景命名的色彩有热带丛林色、沙漠色、草原色、海洋湖泊色等；以水果命名的色彩有橄榄色、柑橘色、李子紫、桃红、苹果绿、葡萄紫、柠檬黄等；以植物命名的色彩有咖啡色、茶色、豆沙色、柳绿色、嫩草色、玫瑰红、郁金香、花青色、橘黄色、草绿色、紫藤色等；以动物命名的色彩有鸨色（浅粉红）、鹦鹤色、黄莺色、银鼠色、鼠灰色、珊瑚色、孔雀绿、鹤顶红等；以金属矿物命名的色彩有铁锈红、银灰、煤黑、金黄、紫铜色、青铜色、铜绿色、宝石蓝、钴蓝等。

向自然借鉴色彩的方法有很多，相对有效的方法是选择一些风景、动植物等色彩图片，对其色彩的组成加以分析，对色彩的面积与比例进行计算，

然后形成若干个不同色谱，就可以把它们作为资料运用到色彩设计中了。

△ 从自然界中寻找色彩灵感

△ 把海面风景的色彩应用于客厅墙面，给人们带来如沐海风般的清新感

# 四、时装发布会

在各个时期都有几种流行色彩来体现时代气息，只有充分注意到这一点，才能设计出具有时代感和富有创意的服装。所以每一季的时装发布会，都能带来新的色彩风潮，而流行色几乎总是从时装开始。敏锐的软装设计师能从潮流中捕捉到最新的色彩信息，并将它们运用到居室空间中去，不断为生活注入新的活力。

△ 从时装中寻找配色灵感

时装发布会中走秀的设计、模特服装的造型、刺绣花纹、模特妆容以及头饰，都是色彩的来源。另外，看时装发布会还要注意一些图案的使用，因为图案出现在画面中的大小比例直接影响整个空间的次序性以及美感。

# 影响空间配色的因素

## 一、空间功能用途

室内空间的使用功能会在一定程度上影响到色彩的运用，不同功能空间往往有不同的色彩氛围需求，这一点是室内环境色彩设定时首先要考虑的。

一般来说，客厅宜选用明快活泼的色彩，显得明亮、放松或温暖、舒适；卧室的色彩最好偏暖，柔和一些；书房的色彩宜雅致、庄重、和谐；餐厅宜以暖色为主色调，这样容易增加食欲；厨房适合采用浅亮的颜色，但慎用暖色；过道和玄关只是起到通道的作用，因此可大胆用色。

△ 客厅空间配色

△ 卧室空间配色

△ 餐厅空间配色

# 二、空间居住人群

## 1. 男性空间配色

男性空间的配色应给人阳刚、有力量的印象。具有冷峻感和力量感的色彩最为合适，例如蓝色、灰色、黑色或者暗色调，或浊色调的暖色系，明度、纯度应较低。若觉得暗沉色调显得沉闷，可以用纯色或者高明度的黄色、橙色、绿色等作为点缀色。

深暗色调的暖色，例如深茶色与深咖色可展现出厚重、坚实的男性气质。蓝色加灰色的组合，能够展现出雅俊的男性气质。其中，再加入白色可以显得更加干练和充满力度，而暗浊的蓝色搭配深灰，则能体现出高级感和稳重感。此外，通过冷暖色强烈的对比来表现富有力度的阳刚之气，是男性空间配色的要点之一。

### ● 小学男性

以足球、滑板等与运动有关的配色，来表示小学男生活泼好动的形象。以冷色系为基础色调，加入白色，提高对比度，给人带来爽朗的印象。

### ● 年轻男性

尽管也使用朝气蓬勃的配色，但要着重使用黑色和纯度高的颜色进行点缀，展示现代精力充沛的年轻男性的风采。

### ● 成熟男性

成熟男性空间可以冷色系深沉的颜色为基础色调。职场白领的西装颜色，可以说是充满男人味的最简单的配色。

### ● 沉稳男性

以蓝色系颜色为中心，扩大纯度和亮度的对比度，就能够突显沉稳敏锐的男性形象。

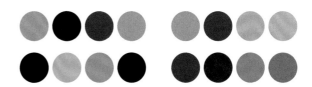

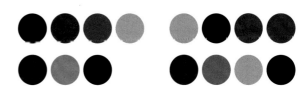

△ 通过浊色调的色相对比，可表现出男性的力量感

△ 深暗强力的色调，能传达出男性的力量感

△ 蓝色和黑灰等无彩色具有典型的男性气质

## 2. 女性空间配色

女性居住的空间应展现出女性特有的温柔美丽和优雅气质，配色上常以温柔的红色、粉色等暖色系为主，色调反差小，过渡平稳。也可使用糖果色进行配色，如以粉蓝色、粉绿色、粉黄色、柠檬黄、宝石蓝和芥末绿等甜蜜的女性色彩为主色调，这类色彩以其香甜的基调带给人清新的感受。此外，紫色具有特别的效果，即使是纯度不同的紫色，也能营造出具有女性特点的氛围。

### ● 可爱女孩

以粉色基调的暖色系颜色为中心，提高亮度和纯度就能展现出可爱的特征。可以带给人甜蜜点心感觉的梦幻配色的目标人群的年龄范围是很广泛的。

### ● 年轻女性

使用橘色系的颜色或者以原色为基础色调的颜色进行配色，塑造出喜欢热闹、洒脱的年轻女性形象。

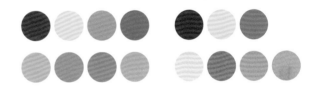

### ● 成熟女性

一般以成熟女性为目标的配色，会以红色和粉色等暖色系颜色为基础色调，降低颜色纯度可塑造稳重的形象。

### ● 优雅女性

尽管也以粉色和紫色系颜色为基础色调，但要抑制对比度，使颜色没有太多的变化，从而塑造优雅的女性形象。

△ 近似于单色配色的暖色组合，体现出成熟女性的优雅魅力

△ 紫色是具有浪漫特征的颜色，最适合塑造出女性气质

△ 以粉色为主的高明度配色能展现出女性追求的甜美感

### 3. 老人房配色

老年人一般都喜欢相对安静的环境，在装饰老人房时需要考虑到这一点，使用一些舒适、安逸的配色。例如，使用色调不太暗沉的中性色，表现出亲近、祥和的感觉。红、橙等高纯度且易使人兴奋的色彩应避免使用。

在配色上，除了纯色调和明色调以外，所有的暖色都可以用来装饰老人房。暖色系使人感到安全、温暖，能够给老人带来心灵上的抚慰，使之感到轻松、舒适。棕红色具有厚重感和沧桑感，能够很好地突显老年人的阅历，为了避免过于沉闷，加入浅灰蓝色，以弱化的对比色令空间彰显宁静优雅之感。

● 老年人喜爱的亮丽活泼色彩

● 老年人喜爱的中度灰艳丽色彩

△ 在老人房中设计一组冷暖色的弱对比，可增添层次感和提高活跃度

△ 木质、石材等天然材质的色彩有助于老年人保持美好的记忆

## 4. 儿童房配色

儿童房的居室氛围，需要通过强对比的色彩组合来实现，因此不论墙面、地面，还是床品、灯饰等，颜色的纯度和明度往往较高。如果是女孩房，硬装部分可以选择简单的白墙，而软装可以选用黄色、蓝色、粉色等颜色作为空间的主要色彩框架。最好选用鲜艳的互补色，比如黄色与蓝色。

儿童房的色彩应确定一个主调，这样可以降低色彩对视觉的压力。墙面的颜色最好不要超过两种，因为墙面颜色过多，会过度刺激儿童的视神经及脑神经，使孩子由兴奋变得躁动不安。体积较大的家具不宜用太过鲜艳的颜色，而应保持柔和的色调，如粉色、浅蓝色、淡黄色等，以减少刺激。体积小的、易于拿取的物件应采用鲜艳的颜色，这样有利于视觉的丰富、思维的活跃。

0~3岁时期的孩子开始认知色彩和形状，房间和家具的色彩应采用三原色，它们简单、明了，易于儿童识别。这样，孩子在生活、玩耍的同时，可以自然而然地接触和学习到色彩的知识；3~6岁时期的孩子活泼、好动，想象力丰富。所以房间中的色彩应尽可能地丰富，尽可能地多使用明亮、轻松的色彩；6~12岁时期的孩子已经有了相当的独立性，可根据孩子自身的喜好搭配一些装饰图案。

在现今这个注重个性化培养的时代，可以根据孩子的不同个性，选择能吸引他们内心发展的色彩。有些孩子精力旺盛，性格外向，在他们的学习环境中可以运用较柔和的色彩，以便于让他们安静下来；一些精力不是很充沛或性情比较敏感的孩子，通常会本能地偏向柔和的色彩，为了激发他们的活力，在他们学习的环境中要运用一些清晰度高的明亮色彩。

● **婴儿喜欢的颜色**

● **少年喜欢的颜色**

● **幼儿喜欢的颜色**

△ 婴儿房以粉色系为主，让婴儿在情感上感受到舒适和安全

△ 幼儿房适合选择柔和的中明度色彩，能让孩子感受到爱与安全

△ 少年房适合选择亮丽活泼的色彩，以激发孩子的热情和想象力

# 三、空间材质差异

　　色彩与材质的质感有着密切联系。各种材质有特定的颜色、光泽、粗细度、冷暖度和肌理等属性，会给人以相应的不同视觉感受，天然材料在这方面尤为突出。因此，材料的使用对色彩起着重要的支配作用，在室内设计时应首先了解各种材料的色彩属性。

　　色彩与材质的质感有着相互影响的作用。同一种色彩用在不同材料上会有不同的呈现效果，例如，光滑的材料表面因反光能力强，其上的色彩不够稳定，明度较高；粗糙表面的反光能力弱，因而色彩稳定，看上去比光滑表面的色彩更浓。同一种材质施以不同的色彩也会有不同的效果，例如，羊毛织物一般有温暖感，但做成白色则会产生冷的视感；又如，木质家具的表面漆成黄色使人感觉柔和，而漆成黑色则给人以坚硬的感觉。

△ 同样的橙色，光滑的材质表面会让色彩显得十分清晰，粗糙的材质表面会降低色彩的纯度

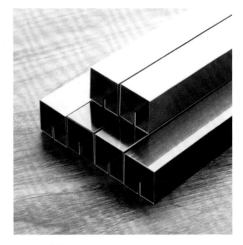

△ 冷质材料

　　玻璃、金属等给人冰冷的感觉，被称为冷质材料；而织物、皮草等因其具有保温的效果，被认为是暖质材料；木材、藤材的感觉较中性，介于冷暖之间。当暖色附着在冷质材料上时，暖色的感觉减弱；反之，当冷色附着在暖质材料上时，冷色的感觉也会减弱。

△ 暖质材料

# 四、空间硬装配色

## 1. 顶面色彩

一般建议客厅的顶面比地面的颜色浅，如果空间层高不高，顶面以浅色为佳，这样可以产生拉伸视觉层高的作用。顶面比墙面受光少，选择比墙面浅一号的色彩会有膨胀效果。

如果希望顶面比实际情况显得高，就把它刷成白色、灰白色或是浅冷色，而把墙面刷成对比较强的颜色，效果更显著。反之，如果希望顶面显得低一些，就选用暖色或是鲜艳的冷色，这样视觉上会使它显得比较低。

△ 降低视觉层高的顶面配色方案

## 2. 墙面色彩

墙面在家居空间中起着最重要的衬托功能。装饰前不要急于敲定墙面颜色，先想清楚家中的整体风格，从收集的图片中汲取灵感，并缩小选择范围，确定一种风格。还可以反过来，先排除掉自己最不想用的颜色。北欧风格的墙面以灰色、白色、米色等中性色彩为主。深沉的棕色、绿色，可以打造山传统古典的风格。

△ 在设计现代风格的墙面配色方案时，应把墙面背景作为室内陈设的背景色

墙面颜色的选定，还要考虑到气温等因素带来的影响。比如，朝南的房间，墙面宜用中性偏冷的颜色，这类颜色有绿灰色、浅蓝灰色、浅黄绿色等；朝北的房间则应选用偏暖的颜色，如奶黄色、浅粉色、浅橙色等。

通常，一种颜色在明暗、深浅、冷暖、饱和度等方面上稍作变化，就会给人很不一样的感觉。比如，白色的墙面，就有很多种细微差别，带一点浅黄的米色调让人觉得温暖亲和，而灰白色则给人以清冷的中性感。所以在选墙面颜色时，应多拿色板做对比，体会气氛、风格、心情的不同。墙面并不是只能涂一种颜色，渐变色、多色混搭，能给家里带来全新的感觉。多色搭配时，最好选择基调相近的色彩，这样能保持风格的一致性，同时更富有层次感。另外，搭配色不宜过多，否则很容易显得杂乱而没有主题。

△ 深色的墙面让空间显得更有紧凑感

△ 浅色特别是白色的墙面会让房间显得更加开阔

一般来说，大面积的墙面颜色比小面积的色卡看起来要深；墙面刚刷完时，颜色要深一些，等乳胶干透了，颜色会变浅；室内的光线会影响墙面颜色的呈现效果；如果家里已经有别的软装饰品和家具，对比之下，墙面颜色也会与色卡有所不同。

△ 如果想在同一房间内的墙面上应用多种颜色，可选择相同色调
但不同纯度和明度的两种颜色

△ 墙面出现相近色或对比色的多色组合，但都与室内家具的色彩
形成呼应关系

△ 室内的墙面颜色，可从空间中的窗帘、抱枕、装饰画及其他软装元素中提取

## 3. 地面色彩

设计地面色彩时，地板、地毯和所有落地的家具陈设均应考虑在内。地面通常采用与家具或墙面颜色接近而明度较低的颜色，以期获得一种稳定感。有的居住者认为，地面的颜色应该比墙面更重才好，对于那些面积宽敞、采光良好的房子来说，这是比较合理的选择。但在面积狭小的室内，如果地面颜色太深，就会使房间显得更加狭小。所以在这种情况下，整个室内空间的色彩都要具有较高的明度。

改变地面的颜色也可以改变房间的视觉高度，浅色地面使房间显得更高，深色地面使房间显得更稳定，并且把家具衬托得更有品质，更有立体感。

△ 富有立体感的地面纹样带来强烈的视觉冲击力

△ 小户型居室适合选择浅色地面，让空间显得更大

△ 深色地面给人视觉上的稳定感，适合大户型居室

# 五、空间光线影响

相同的色调在不同光线下会产生差异，因此配色时必须考虑光线的作用。一般来讲，明亮、自然的日光下，呈现的色彩最真实。在做配色方案前首先要观察房间里有几扇窗，采光的质量和数量如何。

其次，不同朝向的房间会有不同的自然光照，可利用色彩的反射率使光照情况得到适当的改善。东面房间，上午和下午的光线变化大，阳光直射的墙面宜采用吸光率高的色彩，而背光墙则可采用反射率高的颜色；西面房间的光照变化更大，其配色方法与东面房间相同，另外，可采用冷色调的配色来应对下午过强的日照；北面房间常显得阴暗，可采用明度较高的暖色；南面房间的光线较为明亮，配色时可采用中性色或冷色。

△ 朝北的房间墙面可采用明度较高的暖色，使房间光线趋于明快

△ 朝南的房间墙面可采用中性色或冷色，以减少燥热感

白炽灯光投射在物体上会使物体看上去偏黄，可以增强暖色的效果，但蓝色会显得发灰；普通荧光灯放射的蓝光会增强冷色的效果；接近自然光的全光谱荧光灯可以更好地保留色彩的真实度。可以把要选的颜色放到暖色的白炽灯下或冷色的荧光灯下，看哪种呈现出来的效果最理想。

△ 荧光灯会使色彩显得更冷，给人清新爽快的感觉

△ 白炽灯会使色彩显得更暖更黄，给人稳重温暖的感觉

△ 自然光下呈现的色彩最为真实，这是设计配色方案前必须考虑的问题

在做出配色方案的决定之前，可将所挑选的颜色样板拿到施工现场，于早、中、晚不同时段放置在自然光和人造光下细细察看，特别关注色彩在空间中主要使用时段的效果。

# 六、空间色彩比例

在家居空间中，色彩的黄金比例为 70：25：5，其中 70% 为基础色，包括墙面、地面、顶面的颜色；25% 为主要配色，包括家具、布艺等颜色；5% 为点缀色，包括插花、抱枕等小物件的颜色。这种搭配比例可以使空间中的色彩丰富，但又不显得杂乱，主次分明，主题突出。

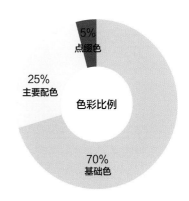

**基础色**

一般在墙、顶、地等大面积的地方使用，为整个房间的氛围打基础

**点缀色**

可在装饰画、抱枕、插花等处使用，通常选用鲜亮、能吸引人眼球的颜色

**主要配色**

是空间配色的主角，用在沙发、窗帘等处，务必与基础色配合协调

相同的颜色由于面积大小不同会产生纯度和明度发生变化的现象。使用亮色时，与面积小的相比，面积大的会使人感觉亮度和纯度都略有增加。另外，如果使用暗色，与小面积相比，大面积颜色看起来更深。

# 七、空间色彩数量

　　色彩数量影响到空间的装饰效果，通常分为少色数型和多色数型。三色以内都是少色数型，三色是指三种色相，例如深红和暗红可以视为一种色相。如果客厅和餐厅是连在一起的，则视为同一空间。白色、黑色、灰色、金色、银色不计算在三种颜色的限制之内。但金色和银色一般不能同时出现，即在同一空间只能使用其中一种。

　　通常，同一空间中运用的颜色最好不要超过三种，因为过多的色彩容易造成视觉疲劳，给人一种眼花缭乱之感。但是为了满足不同居住者对色彩的个性化追求，多色数型的空间配色方案越来越多。多色数型的色彩数量不受限制，可自由使用，呈现出自由奔放的舒畅感。想要用好多色数型配色，秘诀就在于掌握好色调的变化。

△ 少色数型空间显得简洁干练

△ 多色数型空间呈现自由奔放的舒畅感

△ 少色数是指控制在三色之内的配色，其中以双色配色最为常见。如果是对比型配色，在实用性上就给人开放的感觉；如果是邻近型配色，就会给人平和、实用的感觉。

△ 三色和四色是介于少色数和多色数之间的配色，相比于双色配色，增强了开放感，实用性也逐渐减弱，五色以上的配色，可给人完全自由的感觉。

# 软装设计常用的配色技法

## 一、单色配色法

单色配色是指完全采用同一色相但不同纯度和明度的色彩进行配色的组合，例如青配天蓝、墨绿配浅绿、咖啡配米色、深红配浅红等，这类色彩搭配极有顺序感和韵律感。许多高端奢侈品品牌也多采用这类配色方式，所以单色配色法虽然颜色单一，但容易给人高端优雅的感觉。

单色配色方案能化细碎为整体，对于色彩初学者来说，最能锻炼其辨色能力。通过单色配色方案的搭建能充分观察同一色彩的明度和纯度变化，找出完美搭配的规律。但必须注意，单色搭配时，色彩之间的明度差异要适当：相差太小、太接近的色调容易相互混淆，缺乏层次感；相差太大、对比太强烈的色调会造成整体的不协调。单色搭配时最好有深、中、浅三个层次变化，少于三个层次的搭配显得比较单调，而层次过多容易显得杂乱。

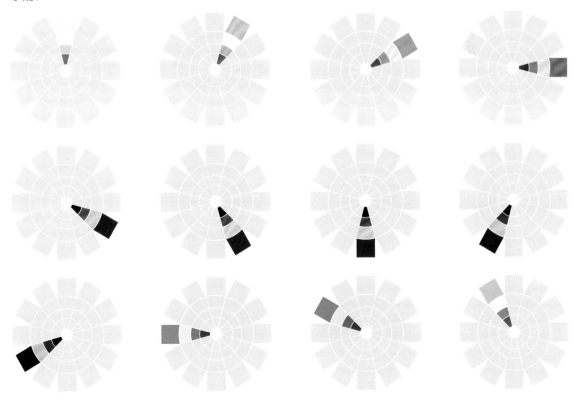

## 二、跳色搭配法

　　跳色搭配法是指在 12 色相环中相隔一个颜色的两种颜色相结合组成的配色方案。相比于单色配色方案，跳色搭配更显活泼。

　　跳色有两种组合：一种是原色加一个复色，另一种由两个间色组合。跳色配色方案本身的跨度不大，但比单色配色有更强的变化性，在色彩的冷暖上也可以带来更丰富的体验。如果想营造一个色彩简单但氛围活泼的空间，跳色方案就是一个很好的选择。比如，黄色和绿色搭配就十分和谐，因为绿色本身就含有黄色。又如，蓝紫色和红紫色，两者共享紫色。

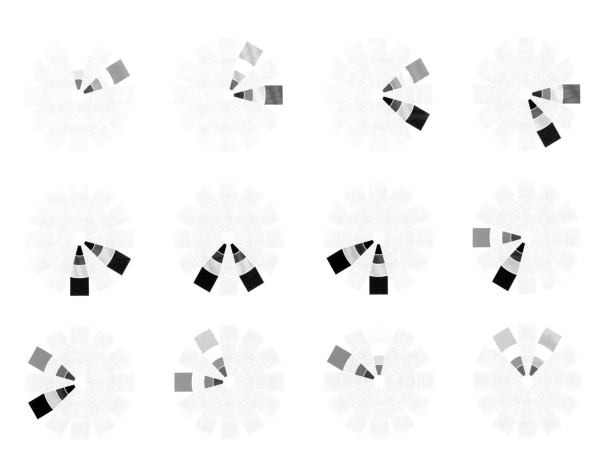

# 三、邻近配色法

　　邻近配色是指 12 色相环中相邻的两个色彩构建而成的配色方案。如黄色、黄绿色和绿色，红橙、橙和黄橙等，虽然它们在色相上有很大差别，但在视觉上却比较接近。搭配时通常以一种颜色为主，以其他颜色为辅。一般来讲，邻近配色就是指几个颜色之间有着共用的颜色基因，如果既想要让色彩丰富又要追求色彩整体感，邻近配色方案就是一个好选择。

　　邻近配色方案在视觉上比单色的搭配丰富许多，让空间呈现多元层次与协调的视觉观感。搭配时，一方面要把握好色彩之间的和谐；另一方面又要使几种颜色在纯度和明度上呈现区别，使之互相融合，获得相得益彰的效果。此外，邻近配色法有另一个诀窍，就是选定一个颜色后，仅仅去调整它的明度和纯度来得到另一种颜色，将两者进行搭配，往往能得到很好的效果。

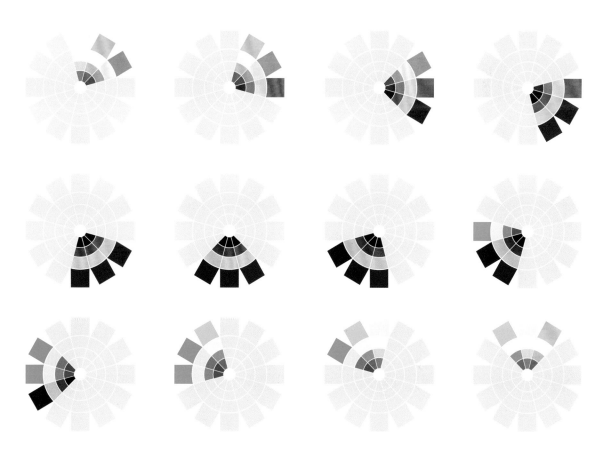

# 四、对比配色法

　　对比配色是指在 12 色相环上间隔三个颜色的颜色组合而成的配色方案。三个基础色互为对比色，如红与蓝、红与黄、蓝与黄；三个间色互为对比色，如紫色与橙色、橙色与绿色、绿色与紫色。

　　如果想要表达开放、有力、自信、坚决、活力、动感、年轻、刺激、饱满、华美、明朗、醒目之类的空间设计主题，可以运用对比配色。其实质就是冷色与暖色的对比，在同一空间中，对比配色能制造富有视觉冲击力的效果，但两种色彩不宜大面积同时使用。

　　在软装设计中，运用对比配色法是一种极具吸引力的挑战。因为在强烈对比之中，暖色的扩展感与冷色的后退感都更加明显，彼此的冲突也更为激烈。要想实现恰当的色调平衡，首先就要避免色彩形成混乱感。弱化色彩冲突的要点首先在于降低其中一种颜色的纯度；其次注意把握对比的比例，最忌讳两种对比色使用相同的比例，这样不仅突兀，而且会让人感觉视觉不畅。所以，在对比配色中也要确定一种主色和一种辅色。一般来说，主色多用在室内顶面、墙面、地面等面积较大的地方；辅色则用于家具、窗帘、门框等面积较小的地方，再配以少许的白、灰、黑等，就是一个成功的配色案例。

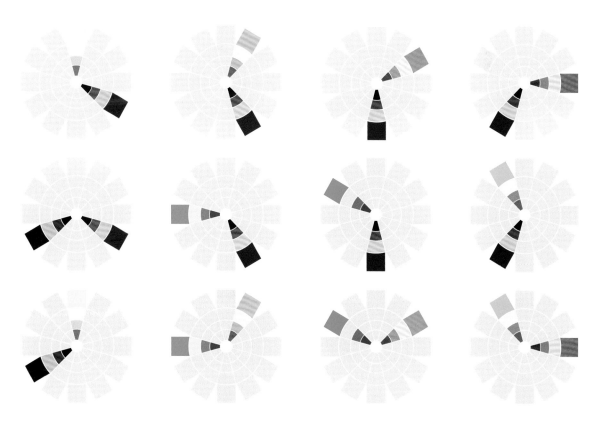

# 五、互补配色法

互补配色是指处于色相环直径两端的一组颜色组成的配色方案，例如红和绿、蓝和橙、黄和紫等。互补配色很容易实现冷暖平衡，因为每组都由一个冷色和暖色组成，所以容易形成色彩张力，激发人的好奇心，吸引人的注意力。

互补配色比对比配色的视觉效果更加强烈和刺激。如果想要突显空间的色彩效果，特别是追求对立色彩关系营造的效果，又或者想达到一种使人的注意力同时关注多处而非仅聚焦于某一处的效果，对立互补配色就是很好的选择。互补色的运用需要较高的配色技巧，一般可通过面积大小、纯度、明亮的调和来达到和谐的效果，使其具有特殊的视觉对比和平衡效果。

想要适当地运用互补色，必须特别慎重地考虑色彩彼此间的比例问题，配色时，必须使大面积运用的一种颜色与另一种面积较小的互补色达到平衡。如果两种色彩所占的比例相同，那么对比会显得过于强烈。可以大面积应用一种颜色，构成主调色，而小面积应用另一种颜色，作为对比色。一般会以 3：7 甚至 2：8 的比例进行分配，并且适当使用自然的木头色、黑色或白色进行调和。

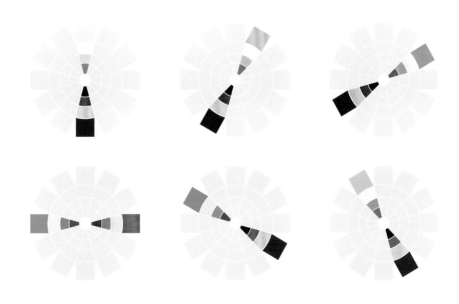

# 六、分裂配色法

分裂配色是指色相环里任何一种颜色与其直接互补色旁边的两个颜色所组成的配色方案。这类配色方案比互补配色多了一种颜色，同样容易形成色彩张力，激发人的好奇心，吸引人的注意力。

相较于互补配色，分裂配色的变化更大。比如，想强调空间的色彩效果但不想只局限于两个颜色，又或者感觉对立互补色的碰撞过于直接、不够巧妙，那么分裂配色就是一个不错的选择。

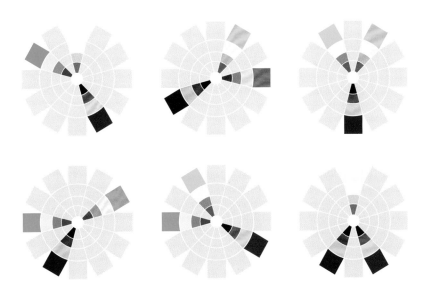

# 七、三角配色法

三角配色法是指在色环上形成等边三角形关系的色彩组合，例如，红、黄、蓝三种颜色在色相环上组成一个正三角形，这种组合具有强烈的动感。如果使用三间色，效果会温和一些。如果想要表达畅快明朗、华丽开放、成熟稳定、阳光轻快之类的意象设计主题，可以运用三角配色方案，但在使用时一定要选出一种色彩作为主色，另外两种作为辅助色。此外，三角配色方案中可加入少量其他颜色，以形成更为稳定的配色。

三角配色方案非常灵活，适合面积较大的住宅空间。人们即使不熟悉色轮原理或色彩理论，也会觉得三角配色的三种颜色组合在一起时是平衡的，比如红、黄、蓝，绿、紫、橙，或红紫、蓝绿、黄橙。三角配色对色彩的把控更复杂，效果也更引人入胜。其中，蒙德里安的红、黄、蓝色彩艺术拼图最具代表性。若想要色彩凸显秩序感、结构、韵律这样复杂多变却直接纯粹的效果，三角配色就是很好的选择。

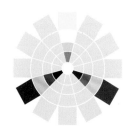 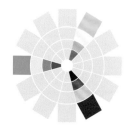 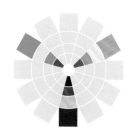 

# 八、四角配色法

四角配色是指在 12 色相环中由四种颜色形成正方形的配色组合，也就是将两组互补色交叉组合之后，得到四角配色，其特点是在醒目安定的同时又具有紧凑感。

四角配色是在一组互补色对比产生的紧凑感上复加一组，是冲击力最强的配色类型。例如，抱枕这类点缀色以四角配色组合，即会营造出活跃的气氛。

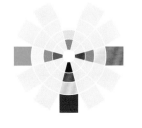

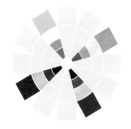

# 九、全相配色法

　　全相配色法就是使用全部色相进行搭配的类型，具有十足的华丽感，可给人以自然开放的感觉。其中，使用的色彩越多，自由感越强烈。如果使用色彩的数量达到五种，就被认为是全相配色。因为全相配色将色环上的主要色相都网罗在内，所以拥有自然界中的丰富色相，营造出充满活力的节日气氛。

　　全相配色中，不具有特定颜色所持有的印象是其一大特征，所以如果颜色的面积有较大差异，所持有的印象就会被突出。如果每种颜色的面积都很大，颜色数量少，颜色集合所强调的华丽就无法表现出来。全相配色是以颜色之间的对比来表现变化的，所以颜色配置没有规律，不可以把类似色和相同色放得过近。

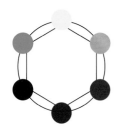

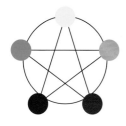

　　配置全相色彩时，要尽量使用在色相环上的位置没有偏斜的色相，如果偏斜太多，就会变成对比配色或邻近配色。在全相配色方案，不管是什么色调，都充满开放感和轻松感。

# 软装设计风格与配色方案

## 一、新中式风格配色方案

　　传统中式风格空间的主色调常将深棕色与原木色相搭配。随着时代的发展，新中式空间的色彩搭配也愈加丰富。除了原木色、红色、黑色等传统色调以外，也常见其他颜色的运用。如浓艳的红色、绿色以及水墨画般的淡色，甚至还可以搭配浓淡相间的中间色，这些色彩都能恰到好处地起到调和作用。

　　红色在中式文化中是浓墨重彩的一笔，而且其使用的历史十分悠久。至今，红色已经成为中式祥瑞色彩的代表，这种颜色对于中国人来说象征着吉祥、喜庆，传达着美好的寓意，并且在新中式风格室内设计领域的应用极为广泛，既展现着富丽堂皇，又象征着幸福祈愿。

△ 中国红是中华民族传统文化的底色，惊艳而醇厚，灿烂而极致

### ● 常见配色方案

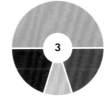

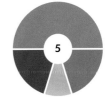

**1**
- C 43 M 49 Y 51 K 0
- C 80 M 83 Y 83 K 69
- C 16 M 27 Y 30 K 0
- C 49 M 99 Y 86 K 22

**2**
- C 62 M 82 Y 87 K 52
- C 45 M 27 Y 45 K 0
- C 27 M 31 Y 31 K 0
- C 37 M 45 Y 45 K 0

**3**
- C 35 M 37 Y 36 K 0
- C 90 M 90 Y 43 K 11
- C 68 M 72 Y 55 K 11
- C 19 M 33 Y 39 K 0

**4**
- C 49 M 95 Y 100 K 25
- C 63 M 82 Y 87 K 52
- C 61 M 71 Y 98 K 33
- C 49 M 39 Y 53 K 0

**5**
- C 45 M 55 Y 75 K 0
- C 77 M 61 Y 83 K 31
- C 59 M 56 Y 59 K 3
- C 20 M 38 Y 45 K 0

在新中式风格的空间里，经常会选择一些瓷器作为装饰，如蓝白色的青花瓷，其湛蓝的图案与莹白的胎身相互映衬，典雅而唯美。同时，青花瓷的蓝色又名"皇帝蓝"和"国王蓝"，寄托于物品之上，展示出雍容华贵的美。

在中国传统文化中，紫色一度被皇族所用，成为代表权贵的色彩。"紫微星""紫禁城""紫气东来"都和富贵、权力有关。

黑色在色彩系统中属于无彩中性色，它可以庄重，可以优雅，甚至比金色更能演绎极致的奢华。中国文化中的尚黑情结，除了受先秦文化的影响，也与中国以水墨画为代表的独特审美情趣有关。

△ 新中式家居中的优雅蓝调，往往不做大面积渲染，而是以点缀色的姿态，牵起东方情怀

△ 用水墨画的色彩营造具有东方意境的立体空间，地毯和长凳上的蓝灰色，给空间带来精致感

△ 屏风主视点上的青碧色是空间中的点睛之笔，造型灵动，颜色轻盈，打破了大面积褐色带来的沉闷感

绿色是源于大自然的颜色，能给人以宁静而平和的视觉感受。古代称忠臣烈士所流之血为"碧血"，所以绿色在当时象征着忠君爱国。在中国的传统绘画艺术中，经常会在树木、植物或者远山等元素上使用绿色，以此来展现画面的自然意境。

△ 大面积白色制造出来的空灵感是其他颜色所不能表达的，蓝紫色作为点缀色，清冷又略带暖意，而且与原木色和白色形成互补关系，丰富了空间中的用色

白色有很多种，人们认为，玉器的白色最为高贵美丽。因为中国传统文化崇尚玉色，认为玉是道德与修养的标志，故有"君子无故，玉不离身"之说。由于羊脂玉是玉中的极品，其色纯洁无瑕、温润清透，故而，人们认为，羊脂白玉的颜色是白色中最美的色彩。想要打造一个禅意的新中式空间，可合理地搭配一些低明度的色彩，营造出深邃并富有禅意的氛围。由色彩渐变形成的明暗过渡，能够形成一种曲径通幽的视觉感，呈现出一种颇为雅致的禅意之美。

此外，如果在新中式风格的空间中搭配一些具有轻奢气质的色彩，比如，一些恰到好处的中性色及金属色系，不仅能为家居环境带来轻奢时尚的装饰效果，而且犹如一件经典的艺术品般历久弥新。

△ 金属色应用于新中式风格空间中，将轻奢质感提升到一个全新的高度

新中式风格的色彩发展方向有两个：一是富有中国画意境的色彩淡雅清新的高雅色系，以无色彩和自然色为主，能够体现出居住者含蓄沉稳的性格特点；二是富有民俗气息的色彩鲜艳的高调色系，这种类型通常以红、黄、绿、蓝等纯色调为主，映衬出居住者外向开朗的个性。

# 二、轻奢风格配色方案

　　轻奢风格的配色充满低调的品质感，选用象牙白、金属色、高级灰等带有高级感的中性色，能令轻奢风格的空间更有质感。

　　相较于单纯的白色，象牙白会略带一点黄色。虽然不是很亮丽，但如果搭配得当，往往能呈现出强烈的品质感。而且其温暖的色泽能够体现出轻奢风格空间高雅的品质。

　　孔雀绿中融合了蓝色与黄色即为孔雀蓝，神秘而充满诱惑，高贵而清透、有生气，能够让轻奢风格的室内空间如同高傲的孔雀般显得冷艳高贵。

△ 孔雀蓝具有精致的奢华感，与金色元素的软装搭配让空间更具时尚气息

## ● 常见配色方案

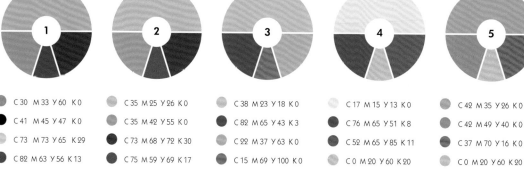

**1**
- C 30 M 33 Y 60 K 0
- C 41 M 45 Y 47 K 0
- C 73 M 73 Y 65 K 29
- C 82 M 63 Y 56 K 13

**2**
- C 35 M 25 Y 26 K 0
- C 35 M 42 Y 55 K 0
- C 73 M 68 Y 72 K 30
- C 75 M 59 Y 69 K 17

**3**
- C 38 M 23 Y 18 K 0
- C 82 M 65 Y 43 K 3
- C 22 M 37 Y 63 K 0
- C 15 M 69 Y 100 K 0

**4**
- C 17 M 15 Y 13 K 0
- C 76 M 65 Y 51 K 8
- C 52 M 65 Y 85 K 11
- C 0 M 20 Y 60 K 20

**5**
- C 42 M 35 Y 26 K 0
- C 42 M 49 Y 40 K 0
- C 37 M 70 Y 16 K 0
- C 0 M 20 Y 60 K 20

爱马仕橙没有红色的浓烈艳丽，但比黄色多了一丝明快与热情，在众多色彩中显得耀眼却不令人反感，而且其自带高贵的气质，与轻奢风格的装饰特点不谋而合。

紫色是一种充满华贵和神秘气质的色彩，而且极富时尚感，恰好与轻奢风格所要表现的优雅与精致的气质相得益彰。

△ 爱马仕橙拥有鲜明与灿烂的特点，可以更好地融入现代轻奢风格的家居空间中

△ 将空间中的颜色提炼为红、黄、蓝三组。通过不同明度和饱和度的运用，分布在餐厅的装饰细节中

△ 紫色是非常女性化的颜色，神秘而华丽，只需小面积使用，就能为空间穿上柔美时尚的外衣

△ 空间用色统一在高明度、低饱和度的褐色系中，带有冷感的紫灰色抱枕，使空间有了色彩的冷暖弱对比，丰富了层次

驼色作为中性色，是一种变色的棕色，或者说是一种纯度较低的大地色，能为室内环境带来温暖轻奢的感觉。由于和土地颜色相近，驼色还蕴藏着安定、朴实、沉静、平和、亲切等内涵气质，并且具有十足的亲切感。

轻奢风格的室内空间常常会大量使用金属色，以营造奢华感。金属色是极容易被辨识的颜色，非常具有张力，便于打造出高级质感，无论接近于背景还是跳脱于背景都不会被其他色彩淹没。

高级灰是介于黑和白之间的一系列颜色，比白色深一些，比黑色浅一些，大致可分为深灰色和浅灰色。不同层次、不同色温的灰色，能让轻奢风格的空间显得低调、内敛并富有品质感，同时也让空间层次更加丰富。

△ 背景色浅灰色与主体家具沙发的颜色看似基本一致，实则有细微的冷暖差别，这是具有高级感的设计表达，钴蓝色的运用让空间的现代都市感更强

△ 金属色可以带来唯美典雅的视觉感受，是轻奢风格空间的主要特征之一

△ 深褐色的墙面和中灰色的地面都属于具有稳定感的色彩，古金色的桌脚与灯具相呼应

# 三、田园风格配色方案

　　贴近自然的生活是现代都市人所向往的，因此，田园风格应运而生。田园风格在配色方面的主要特征是以暖色调为主，淡淡的橘黄、嫩粉、草绿、天蓝、浅紫色等清淡与水质感觉的色彩，能够为室内空间营造出自然放松的气氛。

　　田园风格空间在软装布置时可选择浅木色的家具，局部搭配淡绿色的饰品作为点缀，如相框、花瓶、装饰画等，可以突出田园主题；布置卧室时，可以选择带有碎花图案的墙纸。

　　注意，设计田园风格的软装时，一定要防止色彩过于接近。由于浅木色和绿色中都带有黄色的成分，所以容易给人没有色彩对比的感觉，使空间层次不清，因此，应尽量使用明度偏高的绿色。

△ 草绿色在软装与家具上反复出现，极为舒适的视觉感受源自其层次分明、简洁的配色语言

## ● 常见配色方案

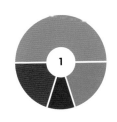

1

- C 60 M 45 Y 82 K 0
- C 65 M 75 Y 85 K45
- C 43 M 87 Y 91 K 9
- C 56 M 54 Y 72 K 0

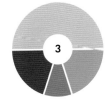

2

- C 40 M 42 Y 60 K 0
- C 20 M 34 Y 69 K 0
- C 50 M 72 Y 81 K 12
- C 15 M 28 Y 40 K 0

3

- C 25 M 31 Y 47 K 0
- C 47 M 65 Y 33 K 0
- C 54 M 80 Y 96 K 30
- C 35 M 47 Y 73 K 0

4

- C 17 M 12 Y 80 K 0
- C 58 M 69 Y 100 K 27
- C 27 M 88 Y 82 K 0
- C 70 M 50 Y 12 K 0

5

- C 45 M 40 Y 56 K 0
- C 58 M 27 Y 37 K 0
- C 8 M 15 Y 25 K 0
- C 49 M 24 Y 94 K 0

# 四、工业风格配色方案

　　工业风格最早起源于废旧工厂的改造，一些废旧工厂被弃之不用，经过简单的改造，成为艺术家们创作兼居住的地方。工业风格给人的印象冷峻、硬朗而又充满个性，因此工业风格的室内设计一般不会选择色彩感过于强烈的颜色，而会尽量选择中性色或冷色调作为主色调，如原木色、灰色、棕色等。

△ 水泥和原木色的搭配使用在工业风格空间中塑造出一种神秘的绅士气质

● **常见配色方案**

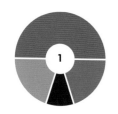 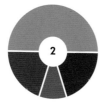  

| 1 | 2 | 3 | 4 | 5 |
|---|---|---|---|---|
| C 63 M 75 Y 81 K 0 | C 38 M 62 Y 72 K 0 | C 50 M 30 Y 100 K 0 | C 60 M 70 Y 59 K 11 | C 55 M 50 Y 77 K 2 |
| C 33 M 53 Y 85 K 0 | C 91 M 92 Y 36 K 2 | C 59 M 28 Y 39 K 0 | C 100 M 85 Y 48 K 13 | C 63 M 75 Y 81 K 0 |
| C 80 M 50 Y 100 K 13 | C 53 M 98 Y 86 K 39 | C 75 M 58 Y 48 K 3 | C 85 M 82 Y 82 K 70 | C 65 M 80 Y 91 K 52 |
| C 88 M 90 Y 69 K 59 | C 77 M 68 Y 60 K 20 | C 42 M 78 Y 87 K 5 | C 47 M 97 Y 100 K 19 | C 73 M 23 Y 33 K 20 |

最原始、最单纯的黑、白、灰三色，在视觉上给人简约又神秘的感受，让复古的风格表现得更加强烈。此外，黑、白、灰更容易搭配其他色系，例如深蓝色或棕色等沉稳的中性色，也可以是橘红色、明黄色等清新暖色系。

裸露的红砖也是工业风格的常见元素之一，如果担心空间过于冰冷，可以考虑将红砖墙列入配色的一部分。裸砖墙与白色是最经典的固定搭配，原始繁复的纹理和简约的白色可形成互补。

工业风的主要元素都是无彩色系，略显冰冷。但这样的氛围对色彩的包容性极高，所以在软装配饰中可以大胆运用一些彩色，比如，夸张的图案和油画不仅可以中和黑、白、灰的冰冷感，还能营造一种温馨的视觉印象。

△ 具有较强视觉冲击力的红、黄、蓝等高纯度的颜色局部点缀，可成为空间中引人注目的小亮点

△ 黑、白、灰的工业风空间适合与深蓝色或棕色等沉稳的中性色搭配

△ 裸露的红砖墙也是工业风格空间色彩的一部分

# 五、北欧风格配色方案

北欧地处北极圈附近，不仅气候寒冷，有些地方甚至还会出现长达半年之久的极夜。因此，北欧风格经常在家居空间中使用大面积的纯色，以提升家居环境的亮度。在色相的选择上偏向白色、米色、浅木色等淡色基调，给人一种干净明朗的感觉。北欧风格的墙面一般以白色、浅灰色为主，地面常选用深灰色、浅色的地板。一些高饱和度的纯色，如黑色、柠檬黄色、薄荷绿色等则可作为北欧家居的点缀色，制造出让人眼前一亮的感觉。

黑白色的组合被誉为永远都不会过时的色彩搭配，北欧风格延续了这一法则。在北欧地区，冬季会出现极夜，日照时间较短，因此阳光非常宝贵。而纯白色调能够最大限度地反射光线，将这有限的光源充分利用起来。黑色是最为常用的辅助色，常用于软装的搭配上。

△ 北欧风格本身没有标志性的装饰图案，其典型图案均为经过艺术化的装饰花卉和彩色条纹

△ 白色、米色、浅木色等淡色基调是北欧风格家居空间的常见色彩

## ● 常见配色方案

**1**
- C 57 M 9 Y 10 K 0
- C 37 M 27 Y 23 K 0
- C 15 M 28 Y 40 K 0
- C 20 M 35 Y 69 K 0

**2**
- C 0 M 0 Y 0 K 60
- C 15 M 28 Y 40 K 0
- C 20 M 22 Y 75 K 0
- C 66 M 41 Y 100 K 0

**3**
- C 15 M 12 Y 6 K 0
- C 92 M 87 Y 53 K 0
- C 35 M 56 Y 77 K 0
- C 0 M 10 Y 90 K 0

**4**
- C 0 M 0 Y 0 K 0
- C 44 M 60 Y 67 K 0
- C 0 M 0 Y 0 K 100
- C 20 M 50 Y 20 K 0

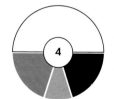

**5**
- C 0 M 0 Y 0 K 46
- C 75 M 65 Y 42 K 1
- C 15 M 29 Y 43 K 0
- C 35 M 0 Y 15 K 0

# 六、美式风格配色方案

在美式风格的空间中，很难看到透明度比较高的色彩。不管浅色还是暗色，都不会给人视觉上的冲击感。美式风格追求一种自由随意、简洁怀旧的感受，所以配色上倾向于自然的颜色，常以暗棕色、土黄色为主色调。美式风格中的原木色一般选用胡桃木色或枫木色，仍保有木材原始的纹理和质感，还刻意增添做旧和虫蛀的痕迹，营造出一种古朴的质感，体现原始粗犷的美感。

美式古典风格的主色调一般以黑、暗红、褐色等深色为主，整体颜色怀旧复古、稳重优雅，尽显古典之美；美式乡村风格更倾向于使用木质本身的淡色调，大量木质元素的应用给人一种自由闲适的感觉，墙面颜色以自然色调为主，绿色或者土褐色是最常见的搭配色彩；现代美式风格的配色一般以浅色系为主，如大面积使用白色和木质色，营造出一种自然闲适的生活环境。

△ 美式古典风格的色彩搭配一般以深色系为主，整个空间显得稳重且优雅

● **常见配色方案**

**1**
- C 63 M 73 Y 76 K 22
- C 44 M 53 Y 63 K 0
- C 45 M 99 Y 100 K 15
- C 80 M 62 Y 0 K 0

**2**
- C 71 M 70 Y 67 K 28
- C 46 M 46 Y 55 K 0
- C 32 M 28 Y 36 K 0
- C 0 M 0 Y 0 K 100

**3**
- C 16 M 13 Y 15 K 0
- C 63 M 80 Y 97 K 53
- C 85 M 70 Y 31 K 0
- C 0 M 20 Y 60 K 20

**4**
- C 71 M 86 Y 95 K 56
- C 75 M 15 Y 35 K 0
- C 60 M 37 Y 96 K 5
- C 51 M 55 Y 59 K 0

**5**
- C 46 M 47 Y 97 K 0
- C 10 M 10 Y 0 K 60
- C 60 M 10 Y 80 K 55
- C 76 M 81 Y 81 K 55

△ 美式乡村风格的色彩搭配多用自然的颜色，常以暗棕色、土黄色为主色系

△ 取自泥土、树木等自然素材的色彩给人温和朴素的印象

△ 美式风格布艺的色彩可选择土褐色、酒红色、墨绿色、深蓝色等，给人浓而不艳、自然粗犷的感觉

# 七、法式风格配色方案

　　蓝色是法国国旗色之一，也是法式风格的象征色。法式风格中常用带点灰色的蓝，让空间散发出优雅时尚的气息。

　　对于法式风格来说，对金色的应用由来已久。比如，在法式巴洛克风格中，除了各种手绘雕花的图案，还常常在雕花上加以描金，在家具的表面上贴金箔，在家具腿部描上金色细线，使整个空间金光闪耀，璀璨动人。

　　白色纯洁、柔和而又高雅，往往在法式风格的室内环境中作为背景色使用。法国人从未将白色视为中性色，他们认为，白色是一种独立的色彩。纯白由于太纯粹而显得冷峻，因此法式风格中的白色通常只是接近白的颜色，既有白色的纯净，也有容易亲近的柔和感，例如象牙白、乳白等。

△ 蓝色是法式风格的象征色之一，搭配金色以及雕花墙面更能体现高贵的气质

● **常见配色方案**

|   |
|---|
| ● C 72 M 76 Y 75 K 47 |
| ● C 77 M 63 Y 82 K 36 |
| ● C 65 M 45 Y 58 K 0 |
| ● C 53 M 55 Y 66 K 0 |

|   |
|---|
| ● C 62 M 33 Y 42 K 0 |
| ● C 51 M 51 Y 53 K 0 |
| ● C 50 M 75 Y 100 K 17 |
| ● C 88 M 73 Y 82 K 59 |

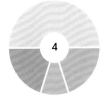

|   |
|---|
| ● C 69 M 92 Y 99 K 67 |
| ● C 45 M 53 Y 77 K 0 |
| ● C 48 M 83 Y 0 K 0 |
| ● C 85 M 66 Y 0 K 0 |

|   |
|---|
| ● C 22 M 19 Y 25 K 0 |
| ● C 78 M 21 Y 46 K 0 |
| ● C 33 M 33 Y 58 K 0 |
| ● C 53 M 21 Y 25 K 0 |

|   |
|---|
| ● C 92 M 85 Y 62 K 46 |
| ● C 10 M 70 Y 80 K 0 |
| ● C 57 M 69 Y 86 K 22 |
| ● C 70 M 69 Y 68 K 26 |

# 八、地中海风格配色方案

地中海风格是起源于地中海沿岸的一种家居风格，是海洋风格的典型代表，因富有浓郁的地中海人文风情和地域特征而得名。

地中海风格的最大魅力来自其高饱和度的自然色彩组合，但是由于地中海地区国家众多，因此呈现出多种特色。西班牙、希腊以蓝色与白色为主，这也是地中海风格最典型的配色方案，两种颜色都透露出清新自然的浪漫气息；意大利地中海风格以向日葵花的金黄色为主；法国地中海风格以薰衣草的蓝紫色为主；北非地中海风格以沙漠及岩石的红褐、土黄等大地色为主。无论地中海风格的配色形式如何变化，其所呈现出来的色彩魅力都是不会变的。

△ 充满肌理感的大地色是地中海风格特点之一

△ 大面积白色衬托出质感粗犷的深色石材壁炉，再配上红白格纹和蓝白条纹的布艺以增加活力感

## ● 常见配色方案

**1**
- C 57 M 36 Y 27 K 0
- C 23 M 31 Y 50 K 10
- C 30 M 30 Y 30 K 0
- C 87 M 76 Y 66 K 41

**2**
- C 25 M 31 Y 43 K 0
- C 27 M 50 Y 80 K 0
- C 10 M 80 Y 80 K 10
- C 87 M 75 Y 35 K 0

**3**
- C 33 M 25 Y 27 K 0
- C 0 M 0 Y 0 K 0
- C 95 M 82 Y 48 K 13
- C 29 M 50 Y 72 K 0

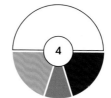

**4**
- C 0 M 0 Y 0 K 0
- C 75 M 22 Y 26 K 0
- C 85 M 81 Y 77 K 62
- C 66 M 58 Y 52 K 0

**5**
- C 21 M 29 Y 29 K 0
- C 85 M 60 Y 21 K 0
- C 58 M 70 Y 73 K 19
- C 67 M 0 Y 36 K 0

# 九、东南亚风格配色方案

东南亚风格的特点是色泽鲜艳、崇尚手工，自然温馨中不失热情华丽，通过硬装细节和软装演绎原始自然的热带风情。设计上通常有两种配色方式：一种是将各种家具包括饰品的颜色控制在棕色或者咖啡色系的范围内，再用白色或米黄色调和，属于比较中性化的配色；另一种是将艳丽的颜色作为背景或主体色，例如青翠的绿色、鲜艳的橘色、明亮的黄色、低调的紫色等，再搭配色泽艳丽的布艺以及藤、木等材料的家具。

△ 米色墙面的处理提供了明亮温和的空间基础，再用抱枕和装饰画的色彩加以点缀

在东南亚风格的软装设计中，最抢眼的要数绚丽的泰丝。由于地处热带，气候闷热潮湿，为了避免空间给人沉闷压抑感，因此在装饰上常运用夸张艳丽的色彩。这些斑斓的色彩全部来自五彩缤纷的大自然，在色彩上回归自然便是东南亚风格最大的特色。

## ● 常见配色方案

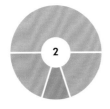

| 1 | 2 | 3 | 4 | 5 |
|---|---|---|---|---|
| C 73 M 78 Y 81 K 57 | C 27 M 40 Y 68 K 0 | C 27 M 35 Y 45 K 0 | C 45 M 92 Y 99 K 12 | C 65 M 83 Y 91 K 52 |
| C 58 M 27 Y 37 K 0 | C 60 M 32 Y 27 K 0 | C 47 M 100 Y 99 K 21 | C 85 M 68 Y 88 K 42 | C 32 M 97 Y 100 K 0 |
| C 88 M 80 Y 43 K 25 | C 30 M 45 Y 38 K 0 | C 42 M 83 Y 100 K 7 | C 21 M 29 Y 36 K 0 | C 62 M 62 Y 56 K 6 |
| C 49 M 73 Y 70 K 9 | C 53 M 46 Y 70 K 0 | C 78 M 41 Y 85 K 2 | C 43 M 50 Y 90 K 0 | C 41 M 46 Y 51 K 0 |

# 十、现代简约风格配色方案

现代简约风格的特点是将设计的元素、色彩、照明、材料简化到最少限度，但对色彩、材料的质感要求很高，更重视几何造型的使用。在当今的室内装饰中，现代简约风格非常受欢迎。因为简洁的线条、注重功能的设计最符合现代人的生活需求。

现代简约风格的配色在选择上比较广泛，只要遵循简洁干净的原则，颜色、图案与居室本身以及居住者的需求相呼应就可以。色彩的高度凝练和造型的极度简洁，用最简单的配色描绘出丰富动人的空间效果，这就是简约风格的最高境界。

黑色和白色在现代简约风格中常被作为主色调，尤其是黑色，其单纯而简练，节奏明确，是家居设计中永恒的配色。近年来，高级灰迅速走红，深受人们的喜欢，灰色元素也常被运用到现代简约风格的室内装饰中。此外，简约风格也可以使用苹果绿、深蓝、大红、纯黄等高纯度色彩进行点缀。

△ 在简约风格家居空间中，黑白色一直是最经典的配色组合之一

△ 中性色自身含蓄的特点容易表现出安静优雅的空间气质，并且可用于调和色彩，突出其他颜色的特征

## ● 常见配色方案

- C 51 M 41 Y 38 K 0
- C 0 M 0 Y 0 K 100
- C 20 M 15 Y 13 K 0
- C 57 M 60 Y 52 K 2

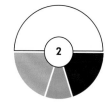

- C 0 M 0 Y 0 K 0
- C 41 M 33 Y 26 K 0
- C 0 M 0 Y 0 K 100
- C 30 M 46 Y 70 K 0

- C 58 M 50 Y 45 K 0
- C 40 M 30 Y 75 K 0
- C 70 M 73 Y 77 K 42
- C 80 M 45 Y 76 K 0

- C 32 M 21 Y 15 K 0
- C 27 M 24 Y 32 K 0
- C 0 M 0 Y 0 K 100
- C 0 M 43 Y 87 K 20

- C 11 M 7 Y 5 K 0
- C 56 M 35 Y 23 K 0
- C 18 M 95 Y 87 K 0
- C 23 M 38 Y 66 K 0

△ 大面积的高级灰平静柔和，既削弱了色彩对人的情绪影响，又
　让人感觉更理性、更矜持

△ 简约风格不拘泥于单色的墙面，也可用几种柔和的颜色把墙面
　刷成淡淡的几何图案

△ 大多数极简风格会选择纯度统一的大块颜色作为基础色系

FURNISHING DESIGN

**4**

PART
第四章

# 软装设计元素的
# 配色法则

# 软装家具配色

## 一、软装家具的配色原则

　　一个空间的整体配色方案可以先确定需要购买哪些家具，由此考虑墙面、地面的颜色，甚至窗帘、灯具、摆件和壁饰的颜色。例如，通常沙发是客厅中最大件的家具，而一个空间的配色通常从主体色开始进行，所以可以先确定沙发的色彩，为空间定位风格后，再挑选墙面、灯具、窗帘、地毯以及抱枕的颜色来与沙发搭配。在室内设计时，可以根据拟定的配色方案进行墙面、地面的装饰，这样一定能与家具形成完美的色彩搭配。如果事先不考虑家中所需要的家具，而是只考虑室内硬装的色彩，在软装布置时有可能很难找到颜色匹配的家具。

　　如果购买了精装修房，室内空间的硬装色彩已经确定，那么家具的颜色可以根据墙面地面的颜色进行选择。例如，将房间中大件的家具颜色靠近墙面或者地面，这样就保证了整体空间的协调感。小件的家具可以采用与背景色对比的色彩，从而制造出一些变化。既增加整个空间的活力，又不会破坏色彩的整体感。还有一种更趋向于和谐的方法，就是将家具分成两组，一组色彩与地面靠近，另一组色与墙面靠近，这样搭配出的色彩会十分协调。

△ 与墙面、窗帘等大块面色彩融为一体的家具保证了整体空间的协调感

△ 靠墙放置的家具，应与墙面颜色形成明度上的差异，拉开层次

△ 将主色调与次色调分离，大件家具按主色调进行选择，小件家具通过撞色活跃空间氛围

△ 墙面与家具应用同类色搭配法则，保证整体空间的协调感

△ 主体家具与墙面色彩形成反差，但与地面色彩形成呼应，整体和谐又不失活力

靠墙放置的家具，如果与背景墙的颜色过于接近，也会让人觉得色彩过于单调，造成家具与墙面融为一体的效果。如果家中的墙面装饰是木质的，就需要特别注意不要与家具的颜色与材质太过接近。

△ 木质墙面与木质家具的颜色不能过于接近，而且应选择两种不同的材质

## 二、软装家具的配色主次关系

主体色家具主要是指在室内形成中等面积色块的大型家具，具有重要地位，通常作为空间中的视觉中心。不同空间的主体有所不同，因此主体色不具有绝对性。例如，客厅中的主体色家具通常是沙发；餐厅中的主体色家具既可以是餐桌，也可以是餐椅，而卧室中的主体色家具一定是床。

一套家具通常不止一种颜色，除了具有视觉中心作用的主体色以外，还有一类作为配角的衬托色，通常安排在主体色家具的旁边或相关位置上，如客厅的单人沙发、茶几，卧室的床头柜、床榻等。

点缀色家具通常用来打破单调的整体效果，所以如果选择与主体色家具或衬托色家具过于接近的色彩，就起不到点睛的作用。为了营造出活力的空间氛围，点缀色家具最好选择高纯度的鲜艳色彩。室内空间中，点缀色家具多为单人椅、坐凳或小型柜子等。

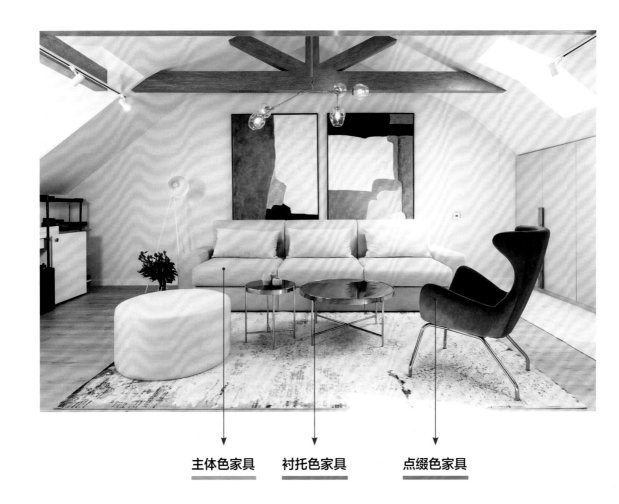

**主体色家具**　　**衬托色家具**　　**点缀色家具**

△ 主体色家具　　　　　　　　△ 衬托色家具　　　　　　　　△ 点缀色家具

　　一个空间中的主体色家具往往需要被恰当地突显，才能在视觉上形成焦点。如果主体色家具的存在感很弱，整体会缺乏稳定感。首先可以考虑选择高纯度色彩的主体色家具，鲜艳的主体色家具可以让整体更加安定。其次，可采用增加主体色家具与周围环境色彩明度差的方式。通常，明度差小，主体色家具存在感弱；明度差增大，主体色家具就会被凸显。再次，当主体色家具的色彩比较淡雅时，可通过点缀色给主体色家具增添光彩。

△ 运用高纯度的色彩突显主体色家具

△ 增加主体色家具与周围环境的明度差

△ 通过点缀色给主体色家具增添光彩

# 三、家具材质与色彩的关系

同一颜色的同种家具材质，选择表面光滑与粗糙的进行组合，就能够形成不同明度的差异，在小范围内制造出层次感。玻璃、金属等给人冰冷感的材质被称为冷质家具材料，布艺、皮革等具有柔软感的材质被称为暖质家具材料。木质、藤等介于冷暖之间，被称为中性家具材料。暖色调的冷质家具材料，其暖色的温暖感有所减弱；冷色的暖质家具材料，其冷色的感觉也会减弱。

△ 中性家具材料

△ 暖质家具材料 1

△ 暖质家具材料 2

不同家具材质的色彩在搭配时应遵循一定的规律。例如，藤质家具由自然材质制成，多以深褐色、咖啡色和米色等为主，属于比较容易搭配的颜色。如果不是购买整套家具，则需要与家具空间的颜色相搭配。深色空间应选择深褐色或咖啡色的藤艺家具；浅色的藤艺家具比较适用于浅色家居空间。

● **木质家具与地板搭配的效果不同，为房间与家具本身营造出不同的效果。**

△ 木地板与木质家具的颜色一致，可以营造出协调感。再运用浅色调，还能够使室内显得更加宽敞

△ 家具比地板的颜色浅，则显得重量偏轻。这时可以选择高级木材制作的家具，或是遮盖了木材纹理的家具

△ 木质家具比地板颜色深，在空间上形成紧凑感。深色家具让人感觉更加高贵

# 软装灯光照明配色

## 一、软装灯光照明的配色原则

灯光照明的配色不能仅仅根据个人的主观爱好来决定，还要与灯具本身的功能、使用范围和环境相协调。不同的灯具都有自身的特点和功效，对色彩的要求也就不同。同样的结构形式、装饰风格，不同的灯光能塑造出截然不同的气质。

首先一定要清楚想要营造什么样的空间氛围，空间有多大面积等一系列问题。例如，主要以暖色系为主，在打光时就注意暖色的分布和灯光的特性，一定要先确定主光源的位置，控制好光源的起点，在适当的距离采用一点冷色作为互补。

△ 在同一个空间中搭配多种灯具，需要在色彩或材质上进行呼应

在一个比较大的空间里，如果需要搭配多种灯具，就要考虑风格统一的问题。例如，客厅很大，需要将灯具在风格上形成统一，避免各类灯具在造型上互相冲突。即使想要做一些对比和变化，也要通过色彩或材质中的某一个因素将两种灯饰统一起来。

当灯具比较单纯地作为一种装饰品的时候，其色彩也会变得丰富起来。在现代灯具的设计中，用途越来越细化，针对性越来越强，比如，儿童房灯具的色彩非常艳丽和丰富。如果是以金属材质为主的灯具，在造型上不论多么复杂，那么在配色上就一定要比较简单，这样才更能体现灯具的美感。

# 二、软装灯具配色重点

灯具的色彩通常是指灯具外观所呈现的色彩，一方面指陶瓷、金属、玻璃、纸质、水晶等材料的固有颜色和材质，如金属电镀色、玻璃透明感及水晶的折射光效等。另一方面，灯罩是灯具能否成为视觉亮点的重要因素。选择时要考虑好是想让灯具散发出明亮的光线还是柔和的光线，还是想通过灯罩的颜色做一些色彩上的变化。例如，乳白色的玻璃灯罩不但显得纯洁，而且反射出来的灯光也较柔和，有助于营造淡雅的环境气氛；色彩浓郁的玻璃灯罩，反射出来的灯光绚丽多彩，有助于营造高贵、华丽的气氛。

△ 乳白色玻璃灯罩适合营造淡雅的环境氛围

△ 将高纯度色彩的灯具作为黑、白、灰空间的点缀色

虽然通常选择色彩淡雅的灯罩比较安全，但带有色彩的灯罩同样具有很好的装饰作用。一款色彩多样的灯罩可以迅速增强活跃感，但选择的时候应保证整个空间中没有出现很多花色繁复的布艺，否则，选择素色的灯罩比较适合。

△ 很多吊灯除了照明功能以外，也是一种装饰性很强的软装元素

△ 金属电镀色的灯罩具有轻奢风格的质感和光泽

△ 彩色灯罩装饰性强，适合活跃空间氛围

# 三、软装灯光配色重点

在选购灯泡或灯管时，很多人也许只注意到它的功率，而很少关心它的光色。实际上，光色对营造气氛具有十分重要的作用，因此，选择灯光的颜色成为软装设计中一项十分重要的工作。

一般来讲，灯光的颜色应根据室内的使用功能来确定。客厅需要烘托出一种友好、亲切的气氛，灯光颜色要丰富、有层次、有意境。为促进食欲，餐厅大多选用照度较高的暖色光，白炽灯和荧光灯都可以使用。卧室需要温馨的气氛，灯光应该柔和、安静，暖光色的白炽灯最为合适，普通荧光灯的光色偏蓝，在视觉上很不舒服，应尽可能避免使用。黄色灯光的灯具比较适合用在书房里，可以振奋精神，提高学习效率，有利于减轻甚至消除眼睛疲劳。厨房对照明的要求稍高，灯光的颜色不能太复杂，可以选用一些隐蔽式荧光灯为厨房的工作台面提供照明。

△ 冷色光源

△ 暖色光源

# 软装布艺配色

## 一、窗帘配色

### 1. 配色原则

如果地面与家具颜色的对比度较强，就可以地面颜色为中心选择窗帘；如果地面与家具颜色对比度较弱，就可以家具颜色为中心选择窗帘。面积较小的房间要选用不同于地面颜色的窗帘，否则房间会显得更狭小。有些精装房中的地板颜色不够理想，建议选择和墙面颜色相近的窗帘，或者选择比墙壁颜色深一点的同色系窗帘。例如墙面颜色是浅咖色，就可以选比浅咖深一点的浅褐色窗帘。

△ 从地毯颜色中提取窗帘的色彩

△ 以家具颜色为中心选择窗帘的色彩

△ 灰色窗帘适是十分稳妥的选择，适合多种风格的空间

窗帘与抱枕相协调是最安全的选择，不一定要完全一致，颜色呼应即可。窗帘选择与其他布艺相协调的色彩也是一种稳妥的方式，例如，窗帘和床品的颜色相近，卧室的配套感会特别强。

空间中的次色调一般来自那些色彩显著或者具有独特图案的中小型物件，比如茶几、地毯、台灯、靠垫或者其他装饰物。像台灯这样的小件物品，非常适合作为窗帘的选色来源。少数情况下，窗帘也可以和地毯的色彩相呼应。如果地毯本身不是中性色，就可以按照地毯颜色做单色窗帘，反之，窗帘带一点地毯的颜色就可以，不建议两者都用一种中性色。

△ 运用对比色的手法搭配窗帘，可以让空间的氛围更加活泼

△ 把台灯色彩作为窗帘的选色来源

△ 选择比墙面颜色深一点的同色系窗帘

## 2. 纹样搭配

窗帘纹样主要有两种类型，一种是几何抽象纹样，如方、圆、条纹及其他形状；另一种自然景物纹样，如动物、植物、风景等。可以考虑在空间中找到类似的颜色或纹样作为选择方向，这样一定能与整个空间形成很好的衔接。另外，选择时应注意，窗帘纹样不宜过于琐碎，要考虑打褶后所呈现的视觉效果。

窗帘的纹样对室内气氛有很大影响，清新自然的花卉图案给人以乡村田园之感；色彩明快、艳丽的几何图形给人以简洁现代之感；经典优雅的格纹给人英伦复古的浪漫之感。

△ 自然景物纹样的窗帘

△ 选择与床品色彩相近的窗帘可增加卧室空间的配套感

△ 几何抽象纹样的窗帘

如果窗帘的纹样与墙纸、床品、抱枕、家具面料等纹样相同或相近，就能使窗帘更好地融入整体环境中，营造和谐统一的同化感。如果选择与墙纸、床品、抱枕、家具面料等色彩相同或相近的窗帘，而在纹样上进行差异化设计，那么，既能突出空间丰富的层次感，又能保持相互映射的协调性。如果家里已经放置了很多装饰画或者其他装饰品，整体空间的布置已经很丰富，那么可以考虑选择无纹样的纯色窗帘。

一般来说，小纹样文雅安静，能扩大空间感；大纹样比较醒目活泼，能使空间收缩。所以小房间的窗帘纹样不宜过大，最好选择简洁的纹样，以免空间显得压抑。大房间可适当选择大纹样。若房间偏高大，选择横向纹样效果更佳。

△ 窗帘色彩与空间其他布艺相同，但纹样不同，在协调的同时可以更好地突出空间丰富的层次感

△ 窗帘纹样与卧室其他布艺的纹样相同，可以营造和谐统一的同化感

窗帘工艺主要分为印花、提花、绣花、烂花、剪花等。印花布艺的纹样是直接印上去的，极具逼真感，有手绘般的印染效果；提花布艺的纹样由不同颜色的织物编织起来，耐看而有内涵；绣花布艺是将各式纹样以刺绣的形式展现在窗帘上，纹样立体感强，精致细腻；烂花工艺是将部分材料腐蚀掉而造成布料部分较薄的现象，纹样风格自由多变，既可以年轻活泼，也可以古典华丽；剪花工艺主要运用在窗纱上，纹样轮廓清晰鲜明，色彩斑斓，可以产生浮雕般的艺术效果。

# 二、地毯配色

## 1. 配色原则

很多地毯通常有两种重要的颜色，称为边色和地色。边色就是手工地毯四边的主色；地色就是毯边以内的背景色。在地毯中，地色占了毯面的绝大部分，也是软装时应该首先考虑的颜色。铺设地毯时，把地毯的地色与装饰画、抱枕及饰品的颜色保持在同一个色系，这样就能避免空间产生杂乱感。

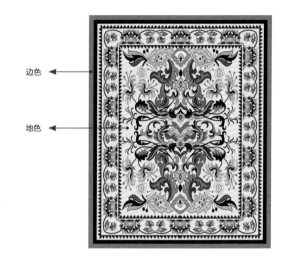

边色 ◀

地色 ◀

△ 边色与睡床、沙发以及窗帘的色彩相协调，成为空间的主体色，地色与搭毯形成呼应，成为衬托色

△ 地毯与花艺形成巧妙呼应，避免空间给人视觉杂乱感

在进行空间的软装搭配时，可以把地毯放在第一位加以考虑。地毯选好后，墙面、沙发、窗帘和抱枕都可以根据地毯的颜色进行搭配，这样会省心很多。比如，地毯地色是米色，边色是深咖色，花纹是蓝色，那么墙面和沙发可以选择米色，搭配一个或两个蓝色的单人休闲椅。窗帘可以选择米色或蓝色，但尽量保证它们都是单色，花纹也不要过多，这样整个空间就会显得非常有气质。

纯色地毯能带来一种素净淡雅的效果,通常适用于现代简约风格的空间。相对而言,卧室更适合纯色的地毯,因为睡眠需要相对安静的环境,色彩浓烈的地毯容易使人的心情激动、振奋,从而影响睡眠质量。如果是拼色地毯,主色调最好与大型家具相呼应,或是与其他色调相对应,比如红色和橘色、灰色和粉色等,和谐又不失雅致。如果沙发的颜色较为素雅,运用撞色搭配会产生让人惊艳的效果。例如,黑色、白色一直都是很经典的拼色搭配,这类颜色的地毯经常出现在现代都市风格的空间中。

　　在色调单一的空间中,一块色彩或纹样相对丰富的地毯,会成为视觉的焦点,让空间重点突出。在色彩丰富的家居环境中,最好选用能呼应空间色彩的纯色地毯。

△ 素色地毯

△ 色彩和纹样相对丰富的手工地毯

△ 拼色地毯

　　在空间面积偏小的房间中,应格外注意控制地毯的面积,铺满地毯会让房间显得过于拥挤,而最佳选择是地毯面积占地面总面积的 1/3~2/3。此外,相比于大房间,小房间里的地毯应更加注意与整体装饰色调和图案的协调统一。

在光线较暗的空间中，选用浅色的地毯能使环境变得明亮，例如，纯白色的长绒地毯与同色的家具、墙面相搭配，就会营造出一种干净纯粹的氛围。即使家具颜色比较丰富，也可以选择白色地毯来平衡色彩。光线充足、环境色偏浅的空间中，宜选择深色地毯，这样能使轻盈的空间变得厚重。例如，面积不大的房间通常选择浅色地板，正好搭配颜色深一点的地毯，使整体风格显得更加沉稳。

如果地面与某一件家具在色彩上有着太过于明显的反差，通过一张色彩明度介于两者之间的地毯，就能让人的视觉得到一个更为平稳的过渡。如果地面的颜色与家具的颜色过于接近，在视觉上很容易将它们混为一体，这个时候就需要一张色彩与二者有着明显反差的地毯，从视觉上将它们一分为二，而且地毯的色彩与二者的色彩反差越大，效果越好。如果空间中地面与主体家具的颜色都比较浅，很容易出现空间失去重心的状况，不妨选择一块颜色较深的地毯来充当整个空间的重心。

△ 地面与家具的颜色较浅，可选择一块深色地毯增加空间的稳定感

△ 如果家具与地面的颜色过于接近，需要选择一张色彩与两者形成明显反差的地毯

△ 如果家具与地面色彩反差较大，地毯可使两者之间在视觉上形成平稳的过渡

## 2. 纹样搭配

△ 几何纹样的地毯简约不失设计感，不管混搭还是用在北欧风格的
空间中都很合适

△ 植物花卉纹样是地毯纹样中较为常见的类型，能给大空间制造丰
富饱满的效果，在欧式风格空间中，多选用此类地毯来营造典雅
华贵的空间氛围

△ 时尚界经常将豹纹、虎纹作为设计要素，这种动物纹理带有一
种野性的韵味，这样的地毯让空间瞬间充满个性

△ 简单大气的条纹地毯几乎是各种风格的百搭款式

可以选择几个与地毯纹样类似的软装饰品，这样就能最大限度地保证空间风格的和谐度。如果空间中
的窗帘、椅面和软装饰品已经有比较复杂的纹样装饰，建议选择一条小尺寸的地毯，起到装饰和烘托空间
氛围的作用。

# 三、床品配色

## 1. 配色原则

卧室的主体颜色是整体，床品颜色是局部，不能喧宾夺主，只能起点缀作用，要有主次之分。

为了营造安静美好的睡眠环境，卧室墙面和家具的色彩一般比较柔和，床品通常根据卧室主体颜色搭配相似颜色。选择带有轻浅纹样的面料，可以打破色调单一的沉闷感。例如，卧室的主体颜色是紫色，应搭配以白色为主带少许紫色装饰纹样的床品，而不应选择大面积为紫色的床品，否则，整体将显得浑然一体，没有层次感和主次感。

如果卧室的主体颜色是浅色，床品的颜色如再搭配浅色，这样整体就显得苍白、平淡，没有色彩感。这种情况下建议床品搭配一些深色或鲜艳的颜色，如咖啡色、紫色、绿色、黄色等，使整个空间显得富有生机，给人一种强烈的视觉冲击感。反之，如果卧室的主体颜色是深色，床品应选择一些浅色或鲜亮的颜色，再搭配深色床品，就会显得沉闷、压抑。

△ 床品的色彩应与窗帘、地毯等其他布艺相协调

△ 浅色的卧室空间适合选择色彩鲜艳的床品以增添活力与生机

在不同居住人群的居室中，床品选择的色调自然不一样。对于年轻女孩来说，粉色床品是最佳选择；成熟男士则适合选择蓝色床品，以体现理性，给人以冷静感。

如果是一个人居住，从心理上来说，颜色鲜艳的床品能够减少冷清感；如果是多人居住，条纹或者方格的床品是一个不错选择；如果卧室面积偏小，最好选用浅色系床品来营造卧室氛围；如果卧室面积很大，可选用暖色床品去营造一个亲密接触的空间；如果卧室光线较暗，那么建议不要选择绿色、蓝色、紫色等冷色系的床品，可以适当搭配一些暖色，例如浅麻色、米色、橘色等。

△ 粉色床品适用于年轻女性的卧室

△ 蓝色床品体现成熟男士的理性

△ 以灰色为主色调的卧室空间，可在床品中加入几个夸张图案的抱枕作为点缀

## 2. 纹样搭配

要想营造奢华氛围，床品用料就要讲究，多采用高档舒适的提花面料。大气的大马士革纹样、丰富饱满的褶皱以及精美的刺绣和镶嵌工艺都是重要元素；有序列的几何纹样能带来整齐、冷静的视觉感受，打造知性干练的卧室空间选用这一系列纹样是非常不错的选择；自然风格的床品，通常以一款植物花卉纹样为中心，辅以格纹、条纹、波点、纯色等，切忌各种花卉纹样混杂运用。

△ 大马士革纹样的床品

△ 几何纹样的床品

△ 植物花卉纹样的床品

如果想选择带有图案、花纹的床品，可以考虑提花及刺绣工艺的类型，因为这些床品上的图案是人工或机器在纺织过程中用棉线制成的图案，并不是利用印染工艺印染上去的，因此不含有有害物质。

# 四、抱枕配色

## 1. 配色原则

　　想要选好抱枕的颜色，应该先了解空间中的主体色彩。如果空间中搭配了较多的花卉植物，抱枕的色彩或者图案就可以花哨一点。如果房间中的灯具很精致，那么可以按灯具的颜色选择抱枕，起到承上启下的呼应作用。根据地毯的颜色搭配抱枕，是一个极佳的选择。在总体配色为冷色调的室内环境中，可以适当搭配色彩艳丽的抱枕作为点缀，以形成夺目的视觉焦点。

△ 根据窗帘色彩选择抱枕

△ 根据地毯色彩选择抱枕

△ 根据墙面色彩选择抱枕

简约风格的家居空间，可以选择搭配条纹或几何纹样的抱枕，这样能够很好地体现出简约风格家居空间简约而不简单的特点。像紫色、棕色、深蓝色的抱枕有很强的宫廷感，厚重而典雅，并且透出浓厚的怀旧气息，因此比较适合运用在古典中式及欧式风格家居空间中。如果对抱枕的颜色搭配没有信心，那么可以尝试使用中性色的抱枕装饰家居。比如，搭配一些带有纹理的白色、米色、咖啡色的抱枕，就能使沙发显得清新且不单调，并且能营造温暖的空间氛围。此外，也可以在以中性色为主的抱枕中，搭配一个色彩比较显眼的抱枕来抓住人的眼球，让抱枕的整体色彩搭配显得更有层次。

△ 几何纹样的抱枕体现出现代简约的气质

△ 深蓝色抱枕适合表现古典厚重的空间氛围

△ 色彩对比强烈的抱枕在中性色空间中起到活跃氛围的作用

不建议在沙发上放太多抱枕，以免影响沙发的正常使用。如果想要尝试在沙发上堆放多个抱枕，就应进行合理的搭配设计。抱枕如果呈前后叠放，应尽量将单色系的与带图案的抱枕组合起来，大的单色抱枕在后，小的图案抱枕在前，这样在视觉上显得更加平稳。

深色系沙发如黑色、棕色、咖啡色等，容易给人沉闷的感觉，因此可选择一些浅色抱枕，与之形成对比。但是要想点亮整个沙发区，仅依靠浅色抱枕是不够的，还需要点缀一个色彩比较亮丽的抱枕，让它成为视觉焦点。如果不喜欢太过鲜明的深浅对比，也可以增加中性色的抱枕，在沙发区的抱枕组合中作为过渡。一些色彩有深有浅的几何纹抱枕或者印花抱枕，也是装点深色沙发的不错选择。

△ 深色系沙发的抱枕色彩搭配方案

浅色系沙发如米色沙发、白色沙发、浅灰色沙发等，给人的感觉比较雅致，因此在抱枕选择上可以考虑用深色抱枕 + 中性色抱枕 + 个别装饰性抱枕进行组合。深色抱枕可以使沙发区给人的感觉更鲜明；中性色抱枕则可以作为沙发区的平衡和过渡；装饰性抱枕可以是色彩相对比较亮丽的纯色或者印花抱枕。

△ 浅色系沙发的抱枕色彩搭配方案

彩色系沙发如蓝色、绿色、紫色、粉色、格子沙发或者其他色彩明快的纯色以及印花沙发等，抱枕的搭配则应主要从协调和呼应的角度入手。通常情况下，浅色抱枕 + 与沙发同色系的印花抱枕或者几何纹抱枕是相对比较稳妥的选择。如果房间里已经充满各种图案的装饰品，并且彩色沙发本身也是有图案的，选择跟沙发主色调相同，同时又带有凹凸纹理的纯色抱枕即可。

△ 彩色系沙发的抱枕搭配方案

## 2. 纹样搭配

搭配合适的抱枕可以提升沙发区域的可看性，不同纹样的抱枕搭配不一样的沙发，也会打造出不一样的美感。虽然抱枕的纹样是居住者个性的展示，但也要注意恰当表达，纹样夸张另类的抱枕少量点缀就好，不适合整屋堆放。

如果居住者的性格比较安静、斯文，建议选择纯色或者简洁纹样的抱枕；如果居住者个性张扬、特立独行，可以选择具有夸张纹样、异国风情的刺绣或者拼贴纹样的抱枕；如果居住者钟情文艺范儿，可以寻找一些灵感来自艺术绘画的纹样抱枕；给儿童准备的抱枕，卡通动漫图案自然是最好的选择。

△ 具有艺术气息的纹样抱枕

△ 个性夸张的纹样抱枕

△ 卡通动漫的纹样抱枕

# 软装饰品配色

## 一、花器与花材配色

### 1. 花器配色

花器的质感、色彩的变化对室内的整体环境起着重要的作用。

玻璃花器分为透明、磨砂和水晶刻花等几种类型。如果单纯为了插花，选择透明或磨砂的花器就可以。刻花的水晶玻璃花瓶，除用来插花外，还具有极强的观赏性。从色彩上来说，玻璃花器有的含有钽的红色，有的含有钴的蓝色，有的含有铝的绿色，有的含有锰的紫色，五彩纷呈，形成了梦幻般的效果。但要注意，彩色玻璃花器会限制花材颜色的选择，搭配时必需更有创意巧思。

△ 彩色玻璃花器

△ 透明玻璃花器

△ 磨砂玻璃花器

△ 水晶刻花玻璃花器

金属材质的花器给人的印象是酷感十足。不论纯金属或以不同比例镕铸的合成金属，只要经过镀金、雾面或磨光处理，以及搭配各种色彩，就能呈现出各种不同的效果。其中，黄铜材质的花器和颜色深一些的绿植组合在一起效果更佳。

陶瓷花器可分为朴素与华丽两种截然不同的风格，朴素的花器是指单色或未上釉的类型；华丽的花器则是指本身釉彩较多，花样、色泽都较为丰富的类型。

△ 质感厚重的黄铜花器本身就是一件艺术品

△ 金属花器在轻奢风格空间中较为常见

△ 未经上釉的粗陶花器具有拙朴的质感

△ 手绘彩釉的陶瓷花器显得典雅大方

## 2. 花材配色

花艺讲究花材与花器之间的和谐之美。花材的颜色素雅，花器色彩不宜过于浓郁、繁杂，花材的颜色艳丽繁茂，花器色彩可相对浓郁。

一个花艺作品的花材色彩不宜过多，一般以1~3种花色相配为宜。选用多色花材搭配时，一定要有主次之分，确定一个主色调，切忌各色平均使用。除特殊需要外，一般花色搭配不宜用对比强烈的颜色。例如，红、黄、蓝三色相配在一起，虽然很鲜艳、明亮，但容易刺眼，应当穿插一些复色花材或绿叶加以缓解。如果不同花色相邻，应互相穿插呼应，以免显得孤立和生硬。

△ 花材与花瓶采用同一紫色调，更好地表现空间的浪漫主题

△ 粉色花材与餐椅的颜色形成呼应，进一步增强了空间的整体感

△ 花材与花器呈邻近色搭配，给人以和谐的视觉感受

△ 单色的花材加入一些白色小花的点缀,给人以协调美感的同时又
不显单调

△ 选用多色花材搭配时,应确定好主次

花材间的合理配置,还应注意色彩的重量感和体量感。色彩的重量感主要取决于明度,明度高者显得轻,明度低者显得重。例如,在花艺的上部用轻色,下部用重色;或者是体积小的花体用重色,体积大的花体用轻色。

△ 高纯度色彩的花材适合作为空间的点缀色

花材之间可以用多种颜色来搭配,也可以用单种颜色,要求搭在一起的颜色能够协调。花艺中的青枝绿叶起着很重要的辅助作用。枝叶有各种形态,又有各种色彩,如果运用得体,就能收到良好的效果。

## 二、装饰画配色

装饰画的色彩通常分成两块，一块是画框的颜色，另外一块是画芯的颜色。搭配的原则是画框和画作中的一个颜色需要和空间内的沙发、桌子、地面或者墙面的颜色相协调，这样才能给人和谐舒适的视觉感。最好的方法是从主要家具中提取装饰画色彩中的主色，而点缀的辅色可以从饰品中提取。

△ 从抱枕等小物件中提取装饰画的色彩，并利用纯度的差异制造层次感

△ 从房间内的主要家具中提取装饰画的色彩，给人整体和谐的视觉感

△ 单幅装饰画的色彩成为空间的视觉中心

△ 以中性色为主的空间中，装饰画的色彩往往成为点睛之笔

选择合适的画框颜色可以很好地提升作品的艺术性，比较常见的画框颜色有原木色、黑色、白色、金属色等。通常，原木色的画框比较百搭，和北欧、日式等风格的木质家具正好形成同色系。金属色画框可以更好地表现空间的现代气质，其中金色画框更适合运用在轻奢风格的家居环境中。黑色画框比较个性，能更好地凸显装饰画的内容，也是很好的选择。

画框颜色应主要根据空间陈设与画作本身的色彩来选择。一般情况下，如果整体风格相对和谐、温馨，画框宜选择墙面颜色和画面颜色的过渡色；如果整体风格相对个性，装饰画也偏向于采用选择墙面颜色的对比色，则可采用色彩突出的画框，形成更强烈和动感的视觉效果。

△ 金属色画框

△ 黑、白、灰等无色系画框

△ 原木色画框

# 三、装饰挂盘配色

　　简单素雅的纯色挂盘不仅仅有白色，还有多种丰富的花色可供选择，其中形状和大小的搭配也是关键要素；青花挂盘更有年代感和文化韵味，仿佛能够让人感受到中国瓷器的兴盛，也能打破传统技艺，添加新的富有生命力的内容；炫彩挂盘顾名思义就是颜色和图案比较大胆，特别适合作为年轻居住者的墙面装饰，富有活力；如果想拥有喜欢的盘子，但又找不到合适的，可以用手绘的方式自己动手操作。作画的工具可以是马克笔，也可以是丙烯颜料，这些工具在一般的文具店都可以买到。

△ 青花挂盘

△ 纯色挂盘

△ 炫彩挂盘

FURNISHING DESIGN

**5**

PART
第五章

# 空间配色实战
# 案例解析

# 住宅空间配色实战案例解析

## 一、客厅空间

客厅的面积一般较之其他的房间大，色彩运用也最为丰富。墙面是客厅空间中面积最大的部分，这部分的色彩设计往往决定了整个客厅配色的效果。

在客厅的墙面颜色选择上，中性色最为常见，如米白色、奶白色、浅紫灰色等。此外，在选择客厅墙面颜色的时候，需要和家具结合起来。比如，客厅墙面的颜色比较浅，那么家具一定要有相同的色彩在其中，这样，表现才更加完美和自然。如果事先已经确定要买哪些家具，可以根据家具的风格、颜色等选择墙面色彩，避免后期搭配时出现风格不协调的问题。

光线较暗的客厅不适合用过于沉闷的色彩，除了小局部的装饰，尽量不要使用黑、灰、深蓝、深棕等色调。无论墙面还是地面都应该以柔和明亮的浅色系为主，建议将白色、奶白色、浅米黄等颜色作为墙面的色调。对于小户型客厅来说，墙面色彩最普遍的选择就是白色。白色的墙面可让人忽视空间存在的不规则感，在自然光照射时，墙面折射出的光线也更显柔和，明亮但不刺眼。

米白色　爱马仕橙　海军蓝　咖色　金色

浅灰色　米白色　紫灰色　钻蓝　金色

在背景色、主体色和点缀色中，都有橙色的运用，我们可以通过拆分的方式来分析橙色是如何贯穿运用于整个空间的。空间中的背景色是米白色系，米白色的色相属于橙色系，主体色家具中布艺的色彩由米白色和橙色组成，咖色和海军蓝作为点缀色运用于窗帘、抱枕、装饰画和地毯上，背景色、主体色和点缀色相互呼应，地毯上小面积的海军蓝，为空间增加对比色系，让整个空间更生动。茶几和边几的香槟金不锈钢质感也可为空间的气质表达加分。

背景色的浅灰色与主体家具沙发的颜色看似基本一致，实则有细微的冷暖差别，这是具有高级感的设计表达。吊灯、墙面的装饰画以及茶几的深色木质，这几处深色的运用，平衡了空间中的浅灰色。地毯上的一抹紫灰色，面积和色彩都运用得恰到好处，增加了空间的温度。钻蓝色让空间的现代都市感更强。

米白色　爱马仕橙　海军蓝　咖色　金色

灰白色　黑褐色　霜色　深蓝灰　浅金色

　　背景色都是灰色系和褐色系，壁炉墙面的颜色偏深。整体空间的色彩基调偏重，有考究感和稳定感。主体色为家具的色彩，和空间的背景色相互融合统一。单人沙发的普鲁士蓝，与背景色形成细腻的弱对比。坐凳的色彩是空间中的点缀色，装饰效果强烈。色彩饱和度较高的钻蓝色，与单人沙发的色彩属同色系，在空间中能找到呼应。同时，钻蓝色的装饰感与深色的壁炉墙面，都有浓烈的时尚气息，是非常出彩的设计表达。

　　空间中的色彩都是低饱和度的，在变化中统一，能带给人舒适的体验。设计师运用灰色带来的高级感，赋予室内清朗的气质。背景色和主体色的大面积颜色都是灰色系，墙面的黑褐色与深色家具，在色彩和位置关系上，相互呼应和对称。单人沙发运用蓝灰色，与浅金色的落地灯灯罩和装饰花器色彩互补。

铅白　浅褐色　米白色　深褐色　中国红　金色

　　背景色为大面积的铅白，墙面的壁柜以及顶面都选用了浅褐色的木质，为空间增加了温度和暖意。墙面的祥云图案，整体色调与背景融合统一。主体色在背景色的基础上，增加了色彩的层次感。浅色部分与空间墙面的浅色相呼应，木质颜色选用深褐色，与墙面的浅褐色属同色相。点缀色中国红在空间中也不是孤立的存在。褐色，属于橙色系，与红色系是相邻色，运用相邻的色系，表达出统一的质感。

# 二、卧室空间

　　卧室空间宜以暖色调和中性色调为主，过冷或反差过大的色调尽量少使用。色彩数量不要太多，两三种即可，过多的颜色会显乱，影响休息。具体的颜色选择不仅要看居住者的个人喜好，还要考虑到整体的装饰风格。除此以外，还要考虑家具和软装饰品的色彩、款式是否相适应。因为居室空间的任何元素都不是孤立存在的，要想使空间和谐统一，则需要全方位进行综合考虑。

　　通常，墙面、地面、顶面、家具、窗帘、床品等是卧室色彩的几大组成部分。卧室顶部多用白色，显得清新明亮。卧室墙面的颜色要根据空间的大小而定：大面积的卧室可选择多种颜色进行装饰；小面积的卧室颜色最好以单色为主，单色的卧室空间会显得更加开阔。卧室的地面一般采用深色，不宜和家具的色彩太接近。卧室家具的颜色要考虑与墙面、地面的协调性，浅色家具能扩大空间感，使房间明亮清爽；深色家具可使房间显得稳重大方。

米白色　暖灰色　灰褐色　灰蓝色

浅灰色　中灰色　原木色　银灰色　绿灰色

　　背景色的墙面和地面保持了上轻下重的平衡感，主体家具的颜色、床的面料和羊毛搭毯与地面色彩一致，边柜与墙面色彩一致，床品上大面积的留白以及床尾凳的白色，让空间透气性十足。插花以及有一些蓝色内容的装饰画，在空气中若有似无地呈现，丝毫不影响空间整体的安宁感。暖灰色与灰褐色的色调一致，明度的不同让这两种颜色运用在空间中有轻重的平衡关系，和谐统一，是高级的配色方式。

　　弱色彩的空间，所有颜色的运用看似相同，实则有细微的变化。这个空间中的灰色调就是由浅灰、中灰和银灰色组成的。图形和纹理也是弱色彩空间中的层次表现点，背景墙面的写意图案、床上用品的图案纹理以及窗帘和抱枕的图案纹样都给空间带来高级的质感。灰色调能为空间营造高级感，绿灰色为空间带来生机，而且和灰色调的组合营造出高山流水般悠远的意境。

米白色　爱马仕橙　海军蓝

　　背景色由米白色和橙色组合而成。床的用色与墙面的米白色一致，床品上的橙色以及床尾凳上的床毯，都呼应了墙面的爱马仕橙，床品中还有米白色，弱化了单一的橙色带来的刺激感。同样，在背景墙面悬挂了一幅航海题材的装饰画，画面的配色与墙面的爱马仕橙，有呼应、有对比、有留白，也很好地弱化了墙面单一橙色带来的刺激感。地毯选择带有几何纹理的浅色，丰富的几何纹理与空间用色热闹的节奏能够相互呼应，同时，地毯中大面积的浅色能够给空间带来透气感。

# 三、餐厅空间

　　餐厅空间一般和客厅连在一起，在色彩搭配上要和客厅相协调。具体配色可根据家庭成员的爱好而定。通常，色彩的选择一般要从面积较大的部分开始，最好先确定餐厅顶面、墙面、地面等硬装的色彩，然后考虑选择合适色彩的餐桌椅与之搭配。

　　通常，餐厅的配色不宜过于繁杂，以 2~4 种颜色为宜。因为过多的颜色会使人感到杂乱和产生烦躁感，从而影响食欲。在餐厅中应尽量使用邻近配色法，因太过跳跃的色彩搭配会使人感到不适。其中，黄色和橙色等这些明度高且较为活泼的色彩，能给人带来甜蜜的温馨感，并且能够很好地刺激食欲。

白色　　深咖色　　墨绿色　　黑色

浅褐色　孔雀蓝　米白色　深灰色　金色　玫瑰粉

　　背景色由墙面的白色、深咖色和地面的黑白格拼色组成，黑白撞色极具张力，主体物餐椅，墨绿色的绒布面料有着轻奢复古的质感，打造出时尚的气质。墙面的深咖色和墨绿色的饱和度趋于一致，形成前后呼应的关系，同时，深咖色极具暖意，打破了黑白和墨绿组合带来的清冷感，增加了空间里的温度。整个空间的气质时尚而复古，餐桌上方的装饰吊灯和墙面装饰画也是根据这一特点选择的。

　　本案中的暖色有深浅、明暗和冷暖的变化，同时达到了平衡。空间中的暖色调是偏灰的褐色，浅褐色和深褐色从墙面、地面到家具、窗帘，基本都是在暖灰色调里做搭配。在此色彩基调上，墙面部分的孔雀蓝，让空间有了复古和考究的感觉。色彩的开放度决定了空间的表现张力，通常，在一个用色平稳的空间中，增加一抹高饱和度的对比色，能让人眼前一亮。

帝王紫　　奶茶色　　黑色　　金色

　　空间中的背景色与紫色形成对比关系，白色和奶茶色组合，搭配米灰色的地面，形成统一的橙色系基调，紫色系和橙色系是一组对比色，增加了空间的开放度；黑色与紫色形成呼应关系，帝王紫饱和度高，有力量感。餐椅、茶几以及餐桌桌面的重色，与紫色相呼应，在空间中形成了良好的平衡关系。

# 商业空间配色实战案例解析

## 一、售楼处空间

售楼处的色彩搭配一定要符合整体格调，不同的设计风格适合用不一样的色彩进行渲染。因为房产住宅本身价值不菲，起到展示功能的售楼处应让人有高端大气的体验感，所以售楼处的色彩设计重点就是营造高品质的氛围，或奢华，或典雅，或现代化。

售楼处不宜选择过多的色彩或过于艳丽的色彩，特别是大红大绿的搭配，容易给人不够庄重的感觉，不适合营造尊贵感与舒适感。

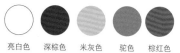

亮白色　深棕色　米灰色　驼色　棕红色

　　本案采用了 Tone in Tone 的色彩搭配方法，即采用了同一色相，但色彩的明度差非常大，纯度也不一致。深棕色、深灰褐色、驼色、米灰色皆为色度值极低的黄色相，但明度与纯度都不同。利用色相的统一营造和谐感，利用明度差和纯度差创造冲突感，这种配色方法能给人一种稳重的变化感，使空间显得稳重、大气，符合楼盘对目标客户群的定位。抱枕上少许的棕红色是整个空间中唯一有色相差异的点缀色，给沉稳的色彩氛围增添了几分变化。

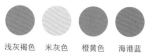

浅灰褐色　米灰色　橙黄色　海港蓝

　　墙面、地面石材的浅灰褐色让售楼部的环境呈现出雅致的气质，米灰色的沙发和橙黄色的休闲椅形成强烈的色度值对比，橙黄色提亮了浅灰调空间的雾浊感，而米灰色又调和了橙黄色带来的喧嚣的色彩印象，两者相互作用，使空间显得高雅清明。地毯的海港蓝点缀其中，与橙黄色之间形成强烈的冷暖对照，营造充满活力的氛围。对于售楼部来说，色彩是根据楼盘的目标消费者的特征来定位的，不难看出，这个售楼部针对的主流客群是 30~35 岁的精英群体。

# 二、餐饮空间

　　色彩是餐厅设计中最具表现力和感染力的因素，在任何餐饮空间设计中都具有一定的重要性。它通过人们的视觉感受产生一系列生理、心理和类似物理的效应，让人产生丰富的联想，有深刻的寓意和象征性。

　　餐饮空间的色彩设计一般宜采用暖色调的色彩，如橙色、黄色、红色等，既可以使人情绪稳定、引起食欲，又可以增加食物的色彩诱惑力。在味觉上，黄色象征秋收的五谷；红色给人鲜甜、成熟、富有营养的感觉；橙色给人香甜、略带酸的感觉；适当地运用色彩的味觉生理特性，会使餐厅设计产生温馨感。

　　用餐区和包房使用纯度较低的各种淡色调，可营造一种安静、柔和、舒适的空间气氛；咖啡厅、酒吧、西餐厅等空间宜使用低明度的色彩和较暗的灯光装饰，能给人营造温馨、高雅的氛围；快餐厅、小食店、美食街等餐饮空间宜使用纯度、明度较高的色彩，以营造一种轻松活泼、愉快自由的气氛。

古砂色　南瓜色　深棕色　牛油果绿

有着温暖灯光和温情色彩的餐饮环境容易让人在不知不觉中增加消费，橙红偏暗又稍灰的南瓜色作为本案空间的主打色彩，不仅能促进食欲，也能让人感觉温暖、安全。墙面的古砂色看似低沉暗哑，却有效地调和了南瓜色带来的振奋感，给人营造一种平和、慢节奏的进餐环境。牛油果绿与南瓜色之间形成鲜明的冷暖对照，为空间增添了适度的活力感，让客人在用餐时轻松而愉悦，随性而温暖。

浅棕色　墨绿色　银灰色　灰橄榄绿

本案的顶面使用了大面积的墨绿色，塑造出个性夸张的形象，墙面以浅棕色的木饰面来表达温润的亲和力。餐桌的木饰面与墙面相呼应，沙发的灰橄榄绿与顶面的墨绿色色相相近，纯度却相差极大，产生上下分明的层次感。银灰色的屏风隔断融入其中，为暗灰色调的空间增添了一抹明亮的色彩，整体环境明暗有度，具有强烈的高级感。

# 三、酒店空间

　　酒店主要分为快捷酒店、连锁酒店、商务酒店，度假酒店和主题酒店。酒店类型决定了酒店档次、面临的客户人群以及酒店特色，而这些都会影响到酒店色彩的选择。

　　首先，酒店的配色要与整体设计相协调，不同风格的酒店适合的颜色也不相同。比如，中式风格酒店，多通过红色、黑色、棕色等颜色，塑造出古朴自然的空间印象。如果酒店位于民族风情浓厚的地方，设计时最好借鉴当地的传统文化底蕴。很多时候，住客可能就是因为这种民族风慕名而来，因此，设计者需要把握好这些色彩细节。

　　其次，酒店的色彩设计需要考虑气候、温度和酒店房间的位置、朝向。如果酒店位于比较炎热的地方，客房里就应该尽量避免使用暖色调；如果酒店处在纬度比高的地方，房间里不宜使用冷色系来作搭配。

| 亮白色 | 薄雾灰 | 大象灰 | 帝王紫 | 金色 | 亮黄色 |

　　亮白色的顶面、薄雾灰的墙布以及大象灰的家具、窗帘等，三个不同明度的无彩色形成渐变式的明暗关系，层次过渡有序。高贵优雅的帝王紫与明媚亮丽的亮黄色形成补色关系，强烈的色相对比给空间增添了年轻的活力，简洁的造型与活力的色彩让旅居生活不再单调和沉闷，具有鲜活的生命力。

| 米黄色 | 钢灰色 | 炭灰色 | 棕色 | 洋红 | 古金黄 | 景泰蓝 |

　　打造带有异域风情的酒店客房，色彩的搭配比造型更为重要。温馨舒适的米黄色墙面，温润厚实的金棕色和深棕色木饰面，以及色彩浓艳的抱枕等，恰到好处地将异域风情融入其中。本案最值得借鉴之处是，将金棕和深棕两色木面有机结合，进行明度对比；将暖调的米黄色墙面与冷调的炭灰色沙发进行冷暖对照，从色彩的各个维度让尺度局促的客房显得更有层次感且不显狭小。

# 四、办公空间

办公空间的配色原则是不但要满足工作需要，还要营造一个舒适的工作环境，提高工作效率。通常采用纯度低、明度高且具有安定性的色彩，如中性色、灰棕色、浅米色、白色等。

人们对一个空间首先会有一个整体的印象，而后才是对各个细节的感受。所以在设计办公空间时首先要确定一个主色调，然后考虑与其他色彩之间的协调关系。主色调要贯穿整个空间，如吊顶、墙面、地面、家具以及软装饰品的色彩等，都要服从一个主色调，这样才能使空间营造出整体和谐的氛围。

办公空间各个区域的用途往往决定了所要营造的效果。办公区应当显得明亮放松或温暖舒适；茶水间可以采用深暗色；过道和前台大厅只起通道作用，可大胆用色；领导办公室则完全由个人品位决定。

职员的工作性质也是设计色彩时需要考虑的因素。要求工作人员细心、踏实工作的办公室，如科研机构，最好运用清淡的颜色；需要工作人员思维活跃，经常互相讨论的办公室，如创意策划部门，最好用明亮、鲜艳、跳跃的颜色作点缀，以提高工作人员的想象力。

景泰蓝　庞贝红　活力橙　牛油果绿　帝王黄

　　纯粹的景泰蓝与亮白色的环境色相互作用，让空间看起来更加洁净利落，给软装的多色搭配奠定了非常好的基础。庞贝红、活力橙、牛油果绿、帝王黄等多种点缀色纯度和明度十分接近并且用量控制得当，因此，整个空间并没有因为色彩众多而显得纷乱。这种活力型的配色方法就是在明度和纯度统一的情况下选择多种色相进行搭配，非常适用于创意型的办公空间，能从色彩感觉上刺激人的感官，促进想象力的发挥。

深灰绿　灰棕色　亮白色　冰川灰　深紫红

　　在绿色的环境中办公能让人平静、理智，从而提升工作效率。让工作变轻松的方法是采用自然配色，深灰绿的墙面柜与灰棕色的顶面这一组合给人带来轻松舒缓的自然感受。亮白色的桌子和冰川灰的沙发调和了大面积深灰绿带来的暗沉感，而少量的深紫红色则恰到好处地为冷调的空间增添几分时尚感。

# 五、咖啡馆空间

在咖啡馆的设计中，可利用配色原理来营造氛围，制造吸引顾客的效果。各个咖啡馆定位不同，使用的色彩也不同。

目标客户为商务人士的咖啡馆色彩应表现出高雅格调，所以一般会选用冷色系，使人感到宁静，再加入少量中性的色彩起到调和作用，例如绿色、蓝色、紫色等。

休闲型咖啡馆的顾客是在附近上班的白领或者社区居民，着重打造一个适合休憩、阅读、会客的环境。这类咖啡馆的色彩感觉应是安静且略带活泼感，例如使用绿色与蓝色，营造舒适的大氛围，然后搭配一些浅色系列的高明度色彩，如米黄色和淡黄色等，以活跃气氛。

复合型咖啡馆给人充满艺术气息的感觉，吸引的是艺术爱好者或追求个性的时尚人士，这类人群对色彩的敏感度较高，所以在配色上要更有艺术性和创造性，无论色彩的明度还是纯度，都务求达到赏心悦目的效果。

玉米黄　墨绿色　水晶粉

　　咖啡馆通常分为两类，一类是快节奏消费，另一类是慢时光品尝，一般从咖啡店的配色上就能看出其属于哪一种类型的咖啡馆。本案采用了色度值极高的玉米黄、墨绿色、水晶粉进行搭配，三者均具有很高的辨识度，比如，高纯度、中明度的玉米黄给人以活力的运动感，高纯度、低明度的墨绿色给人以沉稳的严肃感，而高纯度、高明度的水晶粉给人以甜美娇媚的感觉。这种不同色调、不同色相的色彩搭配产生了强烈的视觉刺激，能在短时间内吸引人的注意力，长时间处于这种配色空间中却容易产生视觉疲劳，能引导快节奏的消费，而不容易让客人长时间停留，刚好符合快消型咖啡馆的定位。

水泥灰　炭灰色　灰蔷薇粉　米黄色

　　粉色与灰色是一组十分时尚的组合。大量的水泥灰与炭灰色构成了空间的背景环境，虽然同为灰色，但一深一浅的明度差让灰浊的空间层次分明。偏灰的蔷薇粉保留了粉色系的娇媚和温柔，本身是一个给人以柔弱视觉印象的色彩，但在灰调的环境中变得强力而坚定。这间咖啡在减少用色的同时，将炭灰色的灰暗刚毅与蔷薇粉的明媚温柔进行对比，创造出摩登与时尚的色彩感受。